Ulrich E. Stempel
Häuser richtig dämmen

Ulrich E. Stempel

Häuser richtig dämmen

Leicht gemacht, Geld und Ärger gespart!

Mit 81 farbigen Abbildungen

Bibliografische Information der Deutschen Bibliothek

Die Deutsche Bibliothek verzeichnet diese Publikation in der Deutschen Nationalbibliografie; detaillierte Daten sind im Internet über **http://dnb.ddb.de** abrufbar.

Hinweis

Alle Angaben in diesem Buch wurden vom Autor mit größter Sorgfalt erarbeitet bzw. zusammengestellt und unter Einschaltung wirksamer Kontrollmaßnahmen reproduziert. Trotzdem sind Fehler nicht ganz auszuschließen. Der Verlag und der Autor sehen sich deshalb gezwungen, darauf hinzuweisen, dass sie weder eine Garantie noch die juristische Verantwortung oder irgendeine Haftung für Folgen, die auf fehlerhafte Angaben zurückgehen, übernehmen können. Für die Mitteilung etwaiger Fehler sind Verlag und Autor jederzeit dankbar. Internetadressen oder Versionsnummern stellen den bei Redaktionsschluss verfügbaren Informationsstand dar. Verlag und Autor übernehmen keinerlei Verantwortung oder Haftung für Veränderungen, die sich aus nicht von ihnen zu vertretenden Umständen ergeben. Evtl. beigefügte oder zum Download angebotene Dateien und Informationen dienen ausschließlich der nicht gewerblichen Nutzung. Eine gewerbliche Nutzung ist nur mit Zustimmung des Lizenzinhabers möglich.

© 2008 Franzis Verlag GmbH, 85586 Poing

Alle Rechte vorbehalten, auch die der fotomechanischen Wiedergabe und der Speicherung in elektronischen Medien. Das Erstellen und Verbreiten von Kopien auf Papier, auf Datenträgern oder im Internet, insbesondere als PDF, ist nur mit ausdrücklicher Genehmigung des Verlags gestattet und wird widrigenfalls strafrechtlich verfolgt.

Die meisten Produktbezeichnungen von Hard- und Software sowie Firmennamen und Firmenlogos, die in diesem Werk genannt werden, sind in der Regel gleichzeitig auch eingetragene Warenzeichen und sollten als solche betrachtet werden. Der Verlag folgt bei den Produktbezeichnungen im Wesentlichen den Schreibweisen der Hersteller.

Satz: DTP-Satz A. Kugge, München
art & design: www.ideehoch2.de
Druck: Legoprint S.p.A., Lavis (Italia)
Printed in Italy

ISBN 978-3-7723-**4424-4**

Vorwort

Gestiegene Energiekosten und der Klimawandel erfordern es, über mögliche Einsparpotenziale nicht nur nachzudenken, sondern konkrete Schritte zu unternehmen.

Beim Anteil am Gesamtenergieverbrauch liegen die privaten Haushalte in Deutschland allein in den Bereichen *Raumwärme* und *Warmwasserbereitung* noch vor dem Verkehr und der Industrie. Eine Sanierung und energetische Verbesserung im Gebäudebestand bringt daher in mehrfacher Hinsicht Vorteile: Es werden teure Energieträger und damit Ihr Geld eingespart und darüber hinaus große Mengen des klimaschädlichen Kohlendioxids reduziert. Bei richtig durchgeführten Dämmmaßnahmen sparen Sie viel Geld und wohnen, ohne die gesundheitsschädliche Schimmelgefahr, komfortabler.

Ich wünsche Ihnen ein allzeit angenehmes und wohliges Zuhause.

Ihr Ulrich E. Stempel

Danksagung
Dank gebührt allen Mitstreitern für eine hoffnungsvolle Zukunft. Namentlich möchte ich mich bei Antje Heußner für ihre Unterstützung bedanken.

Vorwort

Wichtige Hinweise
- Alle Angaben in diesem Buch wurden vom Autor mit größter Sorgfalt erarbeitet und zusammengestellt. Leider sind Fehler nicht ganz auszuschließen. Der Verlag und der Autor müssen daher darauf hinweisen, dass sie weder eine Garantie noch die juristische Verantwortung oder irgendeine Haftung für Folgen, die auf fehlerhafte Angaben zurückzuführen sind, übernehmen. Für einen Hinweis in Bezug auf eventuelle Fehler sind Autor und Verlag jedoch dankbar.
- Sie können Ihre Anregungen, Erfahrungen oder entdeckte Fehler dem Autor unter folgender Mail-Adresse (unter Angabe des Buchtitels und eines Betreffs) mitteilen: *u.stempel@web.de*
- Im Buch aufgeführte Internetadressen und Hinweise stellen den bei Redaktionsschluss verfügbaren Informationsstand dar. Verlag und Autor übernehmen keinerlei Verantwortung oder Haftung für Veränderungen.
- Wiedergegebene Konstruktionen und Verfahren werden ohne Rücksicht auf die Patentlage mitgeteilt. Sie sind ausschließlich für nicht gewerbliche Nutzung bestimmt. Bei gewerblicher Nutzung ist vorher die Genehmigung des Autors oder die der möglichen Lizenzinhaber einzuholen.
- Halten Sie unbedingt die Unfallverhütungsvorschriften bei all Ihren Arbeiten ein und arbeiten Sie nur mit den erforderlichen Sicherheitseinrichtungen.
- Bei Netzanschluss über Oberleitung und Dachständer bitten Sie vor den Arbeiten auf dem Dach den Energieversorger darum, die Leitungen zu isolieren.
- Die bestehenden Brandschutzvorschriften (z. B. nach der Norm DIN 4102 Brandverhalten von Baustoffen und Bauteilen) und die Auflagen der Bauaufsicht für Gebäude sind unbedingt einzuhalten.

Sie als Bauherr(in) sind für die Arbeitssicherheit und Maßnahmen zur Vermeidung von Gesundheitsschädigungen und Unfällen auf Ihrer Baustelle verantwortlich – nicht nur für sich selbst, sondern auch für Ihre Helfer.

Inhaltsverzeichnis

1	**Ist für Ihr Haus eine Dämmung erforderlich?**	9
1.1	Abschätzung der Energiekennzahl (Energieverbrauch)	11
1.2	Welche Dämmung bringt am meisten?	14
1.3	Reihenfolge der Maßnahmen (sinnvolle Kombinationen)	16
1.4	Anhaltswerte für Kosten und Einsparungen	17
2	**In fünf Schritten zum Energiesparhaus**	19
2.1	Dämmstoffe im Vergleich	21
2.2	Beim Dach nicht kleckern	25
2.3	Was spart die Fassadendämmung?	34
2.4	Gegen Fußkälte und Feuchtigkeit von unten	41
2.5	Was bringen gute Fenster und Türen?	45
2.6	Dämmung und Heizungsanlage	51
3	**Dämmtechnik und Tricks im Detail**	55
3.1	Schichtdicken bei Dämmungen	56
3.2	Außendämmung/Innendämmung	57
3.3	Dichtigkeit, Dampfbremse und Dampfsperre	61
3.4	Wärmebrücken vermeiden	68
3.5	Brandschutz	70
3.6	Verarbeitungstipps	71
3.7	Feuchtigkeitsschäden durch Dämmung	76
4	**Dämmen und Wohlbefinden**	77
4.2	Eine Dachbegrünung, nicht nur Ökologie	81
5	**Fördermöglichkeiten und Verordnungen**	85
5.1	Energiesparverordnung (EnEV), Mindeststandards	86
5.2	Förderungen und zinsgünstige Kredite	88

Inhaltsverzeichnis

6	**Energieausweis, Sinn und Zweck**	93
6.1	Wer braucht einen Energieausweis?	95
6.2	Welcher Ausweis ist erforderlich?	96
6.3	Der Energieausweis kurz und bündig	97
6.4	Ausweisart, Fristen, Gültigkeit, Kosten	98
6.5	Vorschriften, Übergangsvorschriften	101
6.6	Vorsicht, Falle	103
6.7	Ausnahmen und Befreiung	104
6.8	Wie können Sie vorarbeiten?	105
7	**Hinweise für Eigentümer, Vermieter und Mieter**	107
7.1	Nutzen	108
7.2	Rechte und Pflichten	108
7.3	Richtiges Lüften	109
8	**Anhang**	111
8.1	Kriterien bei der Auswahl von Handwerkern	112
8.2	Worauf bei der handwerklichen Ausführung besonders zu achten ist	113
8.3	Dämmung und Solaranlage	117
8.4	Adressen und Kontaktstellen	121
Stichwortverzeichnis		123

1 Ist für Ihr Haus eine Dämmung erforderlich?

1 Ist für Ihr Haus eine Dämmung erforderlich?

Durch die jährlich ansteigenden Heizkosten stellt sich automatisch die Frage, ob und wo die Möglichkeit besteht, Geld einzusparen. Wenn uns dann auch noch Bekannte oder Nachbarn erzählen, sie hätten für ihr ganzes Haus Heizkosten von lediglich 500 € pro Jahr, lohnt es sich, über Energiesparmaßnahmen beim eigenen Haus nachzudenken. Die Frage zielt nicht nur auf den Gebäudebestand ab, denn für Neubauten sind entsprechende Dämmungen gesetzlich vorgeschrieben.

Maßnahmen zur Energieeinsparung an Ihrem Gebäude bringen vier große Vorteile:

Stehen ohnehin Instandsetzungsmaßnahmen wie z. B. eine Fassaden- und Putzerneuerung oder ein neues Dach an, ist dies die beste Gelegenheit, sie mit Energiesparmaßnahmen zu verknüpfen. Die Gesamtmaßnahme kostet dann wesentlich weniger, als wenn die Einzelmaßnahmen getrennt voneinander ausgeführt würden.

Oft ist es bei bestehenden Häusern auch so, dass durch gewachsene Bedürfnisse nach mehr Raum, Licht und Wohnqualität, ein An- oder Umbau erforderlich wird und in diesem Zuge eine Erneuerung der Gebäudetechnik und Dämmmaßnahmen sinnvoll sind.

- Dämmmaßnahmen sind wirtschaftlich.
- Besserer Wärmeschutz schafft mehr Behaglichkeit im Haus: Es wird überall wärmer. Probleme wie feuchte Wände und Schimmel gehören bei richtiger Ausführung der Vergangenheit an.
- Ein geringer Energieverbrauch ist eine gute Voraussetzung für innovative Wärmeversorgungskonzepte durch erneuerbare Energien wie z. B. Solarwärme.
- Im Sommer ist ein weiteres Thema der Hitzeschutz. Gute Dämmung erspart Ihnen eine Klimaanlage. Wer einmal direkt unterm Dach gewohnt hat, weiß, wovon die Rede ist.

Abb. 1.1 – Ein altes, ungedämmtes Haus, Baujahr 1890.

1.1 Abschätzung der Energiekennzahl (Energieverbrauch)

Wollen Sie den derzeitigen Heizenergieverbrauch Ihres Gebäudes einschätzen, ist dies ohne großen Aufwand möglich. Mit ein paar einfachen Berechnungen können Sie selbst ermitteln, wie es um Ihr Haus steht und was Sie durch Dämmmaßnahmen einsparen können. Zwei Grundangaben helfen weiter: **der jährliche Heizenergieverbrauch und die Wohnfläche**.

Je nachdem, welchen Heizstoff Sie für die Erwärmung Ihres Wohnraums verwenden, sollten Sie diesen auf die Heizleistung in Kilowattstunden (kWh) umrechnen. Bei einer Ölheizung finden Sie die

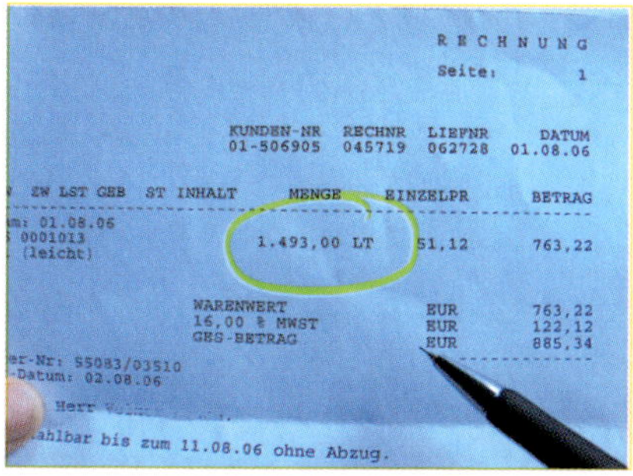

Abb. 1.2 – Heizölrechnung mit Öl-Liefermenge.

Heizstoff	Einheit	kWh Heizleistung
Heizöl	1 L	10 kWh
Gas	1 m³	10 kWh
Scheitholz, Laubholz*)	1 Raummeter	2.000 kWh
Scheitholz, Nadelholz*)	1 Raummeter	1.800 kWh
Pellets	2 bis 2,5 kg	10 kWh
Pellets	1 t	5.000 kWh

*) Durchschnittswerte der jeweiligen Baumarten. Buchenholz wird mit bis zu 2.200 kWh beziffert.

Abb. 1.3 – Tabelle zur Umrechnung verschiedener Heizstoffe auf kWh-Heizleistung.

Beispiel

Ein Einfamilienhaus mit Einliegerwohnung hat eine Gesamtwohnfläche von 160 m². Das Haus wird mit einer Ölheizung beheizt, der Jahresverbrauch beträgt 3.200 l Heizöl. Entsprechend der Tabelle in Abb. 1.3 entspricht dies einer Heizleistung von 32.000 kWh. Im Haus leben vier Personen, also können 4.000 kWh für die Warmwasserbereitung abgezogen werden. Der damit errechnete Betrag von 28.000 kWh geteilt durch 160 m² ergibt einen Bedarf von 175 kWh pro m². Die *Energiekennzahl* ist damit 175 kWh/m².

Bei einem Ölpreis von ca. 60 Cent oder mehr werden ca. 2.000 € für die komplette jährliche Heizöllieferung benötigt. Durch eine wärmetechnische Komplettsanierung kann der Energiebedarf im Bestand sogar um einiges besser als der vorgeschriebene Neubaustandard und, bezogen auf das obige Beispiel, sogar auf 25 % des ursprünglichen Energiebedarfs verringert werden. Die jährlichen Kosten für die Heizöllieferung würden sich somit von 2.000 € auf 500 € reduzieren.

1.1 Abschätzung der Energiekennzahl (Energieverbrauch)

gelieferte Ölmenge auf dem Lieferschein bzw. der Rechnung, bei einer Gasheizung auf der Gasrechnung. Heizen Sie ausschließlich oder zusätzlich mit Holz oder Pellets, können Sie die Heizenergie entsprechend der Liefermenge in Raummeter Scheitholz oder kg Pellets errechnen. Wurde die komplette Lieferung (z. B. bei Öl) nicht verbraucht, ist es möglich, die verbrauchte Menge im Tank zu ermitteln. Entweder ist der Tank transparent, dann sehen Sie von außen den Ölstand, und/oder Sie haben eine Tankanzeige.

Die Energiekennzahl können Sie nun aus dem Jahresenergieverbrauch für die Raumheizung und der beheizten Wohnungsfläche errechnen. Der jährliche Energieverbrauch pro Quadratmeter ist eine ähnliche Vergleichsgröße wie der Verbrauch eines Autos pro 100 km. Ist in dem Energieverbrauch die Warmwasserbereitung mit enthalten, werden pauschal 1.000 kWh für jede im Haushalt lebende Person vor der Division abgezogen.

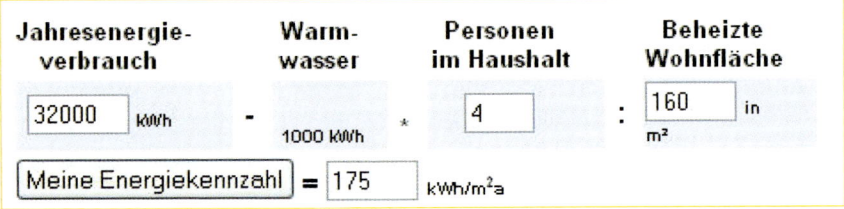

Abb. 1.4 – Energiekennzahl-Abschätzung durch einen Onlinerechner im Internet.

Energiekennzahl kWh/m²a*)	Bewertung	Gebäudeeinstufung
Unter 15	optimal, aber aufwendig	Sehr gutes Passivhaus
bis 20	optimal	Passivhaus
20-40	sehr gut	Niedrigenergiehaus
ab 40	sehr gut	KfW-40-Haus***), 3 Liter Haus
ab 60	gut	KfW-60-Haus***), 6 Liter Haus
70	gut	Neubaustandard**)
Unter 100	gut (für den Bestand)	Niedrigenergie, Bestand
100	**Mindestziel**	10-Liter-Haus
120-160	verbesserungswürdig	Wärmeschutzverordnung 1984
160-200	mangelhaft	Sanierungsbedarf
Über 200	ungenügend	dringender Sanierungsbedarf

*) Kilowattstunden Wärmeenergie pro Quadratmeter
**) Seit Februar 2002 ist dieser Standard für Neubauten gesetzlich vorgeschrieben. Für die Sanierung von Altbauten ab diesem Standard gibt es erhöhte Förderkredite.
***) KfW = Kreditanstalt für Wiederaufbau

Abb. 1.5 – Einstufungen eines Hauses entsprechend der Energiekennzahl.

1.1 Abschätzung der Energiekennzahl (Energieverbrauch)

Der nächste Schritt besteht darin, dass Sie Ihren Heizenergiebedarf in kWh (Abzüglich der Energie für die Warmwasserbereitung) durch die Wohnfläche in m² dividieren. Das Ergebnis ist der Bedarf pro m², der als *Energiekennzahl* bezeichnet wird.

Noch bequemer geht es beim Ausrechnen mit einem der zahlreichen Onlinerechner über das Internet. Diese finden Sie durch Eingabe des Begriffs „Energiekennzahl" in einer der Suchmaschinen wie z. B. Google.

Natürlich sind die Verbrauchswerte stark von den Heizgewohnheiten, von den Zeiten, in denen Sie sich im Haus befinden, von der Menge des benötigten Warmwassers und von den Außentemperaturen der Wintermonate abhängig. Daher ist es sinnvoll, einen Mittelwert über mehrere Jahre für die Ermittlung der Energiekennzahl zu verwenden.

Vergleichen Sie nun Ihre persönliche Energiekennzahl mit den Werten der Tabelle in Abb. 1.5.

> **Die Aussicht**
>
> Jedes bestehende Haus kann mit geringem Aufwand schrittweise zum 10-Liter-Haus werden. Mit dem Zielwert von 10 Liter pro m² Wohnfläche und Jahr können in der Regel der Heizenergieverbrauch und damit die Heizungskosten um 50 % gesenkt werden – eine schöne Aussicht.

1.2 Welche Dämmung bringt am meisten?

Was brauchen wir Menschen zusätzlich, wenn es so richtig kalt ist? Mütze, Jacke und warme Schuhe. Viele schwören darauf, dass die wärmende Kopfbedeckung enorm wichtig sei. Nicht ohne Grund, denn Wärme entweicht nach oben. Deshalb ist auch das Dach die erste Wahl beim Dämmen des Hauses. Beim Haus kommen dann auch noch die Fenster und Türen dazu, denn wenn es da richtig durchzieht, nutzt die beste Dachdämmung nichts. Das wäre in etwa so, als wenn die Daunenjacke große Löcher hätte. Im Folgenden erhalten Sie Tipps, praktische Anregungen und Ausführungshilfen, um schnell und erfolgreich Energie einzusparen.

Die wärmetechnische Sanierung des Daches, der Wände und der Fenster, der Heizungsanlage und der Kellerdecke tragen jeweils mit ca. 20 % zur Einsparung bei.

Hohe Heizkosten und ein hoher Energieverbrauch entstehen meist dadurch, dass die Wärme in der kalten Jahreszeit zu schnell durch unzureichend gedämmte Wände, Böden und das Dach oder undichte Fenster entweicht.

Wärmdämmung amortisiert sich durch die rapide ansteigenden Energiepreise schneller als je zuvor. Durch die Dämmung, z. B. im Dachbereich, lassen sich innerhalb von

Was ist ein KfW-Haus?

Entsprechend der Förderrichtlinien der Kreditanstalt für Wiederaufbau (KfW) gibt es vorgegebene Standards. Je geringer der Energiebedarf, desto attraktivere Zinssätze und Förderungen können Sie in Anspruch nehmen. Beim KfW-40-Haus muss der Jahresenergieverbrauch für die Heizung nachweislich unter 40 kWh/m² Wohnfläche betragen.

Beispiel

KfW-60-Haus: Zins*) 3,83-4,38 % (eff.), Finanzierung bis 50.000 €/Wohneinheit

KfW-40-Haus: Zins*) 2,98-3,60 % (eff.), Finanzierung bis 50.000 €/Wohneinheit

*) abhängig von dem aktuellen Förderungszinssatz

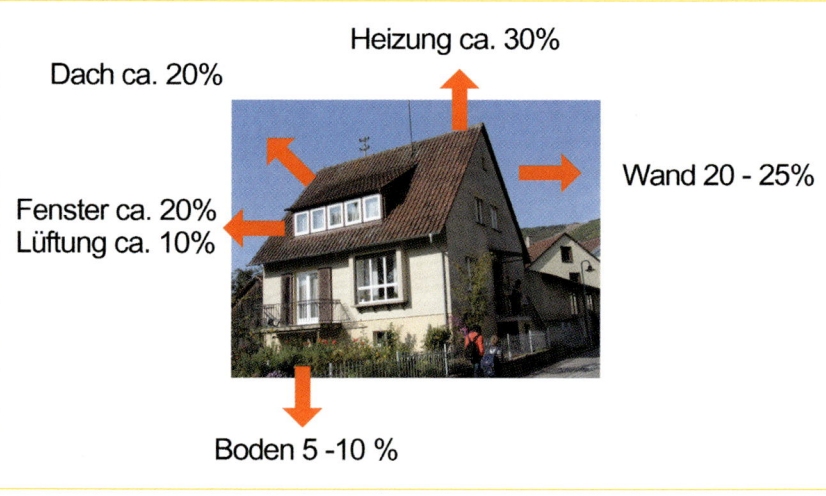

Abb. 1.6 – Frei stehendes Einfamilienhaus und die Anteile an typischen Wärmeverlusten.

1.2 Welche Dämmung bringt am meisten?

> **Wichtig**
>
> Bevor Sie mit dem konkreten Wärmeschutz an Ihrem Haus beginnen, sollten Sie prüfen, ob die Dach- und Wandkonstruktionen in Ordnung sind. Für den Fall, dass das Dach undicht ist, kann die neu eingebaute Dämmung Schaden nehmen. Selbst Hand anlegen sollten Sie vor allem beim Dachgeschoss nur mit ausreichenden Fachkenntnissen und handwerklichem Geschick. Sind Sie sich nicht sicher, sollten Sie sich von einem Fachmann beraten lassen, welche Punkte bei speziell Ihrem Dach zu beachten sind. Denn auch unterm Dach führt eine unsachgemäße Dämmung zu Wärmebrücken, die zu Schimmelbildung und Schädigung der Dämmung und der restlichen Bausubstanz führen können.

nur wenigen Jahren einige Tausend Euro an Energiekosten einsparen.

Entscheidend bei der gesamten Dämmmaßnahme ist der Wärmeverlust. In der Praxis wird dieser durch den Wärmedurchgangskoeffizienten als *U-Wert* angegeben. Durch entsprechende Dämmung bleibt mehr Wärme im Haus, ergo braucht man weniger Heizenergie.

> **Wärmedurchgangskoeffizient (U-Wert)**
>
> Der U-Wert (früher K-Wert) ist ein Maß für den Wärmestromdurchgang durch eine Materialschicht (Wand), bei der auf beiden Seiten verschiedene Temperaturen vorherrschen. Der Wert gibt an, welche Wärmemenge durch einen Quadratmeter Wandfläche von einem Meter Dicke innerhalb einer Stunde entweicht, wenn sich die Lufttemperaturen an beiden Seiten der Wand um ein Grad Celsius (1° Kelvin) unterscheiden (wenn also z. B. im Innenraum 18 Grad herrschen, die Außentemperatur aber nur 17 Grad beträgt). Je kleiner der U-Wert, desto geringer ist der Wärmeverlust. Ausgedrückt wird der U-Wert in Watt je Quadratmeter bezogen auf 1 Grad Kelvin für die Temperatur (W/m²K).
>
> Den U-Wert für ein Dämmmaterial können Sie vereinfacht berechnen, wenn Sie die Wärmeleitfähigkeit durch die Dämmstoffdicke dividieren. Beispiel: 0,04 W/(mK) : 0,16 m = 0,25 W/(m²K).
>
> Da der Wärmedurchgangskoeffizient U lediglich rechnerisch ermittelt wird, ist er in der Praxis umstritten. Er sagt nichts über die Wärmespeicherfähigkeit und das Feuchteverhalten der Bauteil-Materialien aus. Auch kann er das Verhalten der Nutzer nicht beschreiben und gilt somit nur für das ungestörte Bauteil (das in der Praxis nicht existent ist). Der Wärmedurchgangskoeffizient muss jedoch bei einem Bauvorhaben (Neubau oder Umbau) für die einzelnen Bauteile und das gesamte Bauwerk ermittelt werden, da der Gesetzgeber und die KfW den Nachweis verlangen.

1.3 Reihenfolge der Maßnahmen (sinnvolle Kombinationen)

Wenn Ihre Bereitschaft vorhanden ist, das komplette Gebäude oder zunächst einen Teil der Immobilie wärmetechnisch zu verbessern, stellt sich die Frage: Wo fange ich am besten an?

Stehen Instandsetzungsmaßnahmen an der Außenhülle des Gebäudes wie Putz oder Dach ohnehin an oder muss die Heizung ausgetauscht werden, ist der Zeitpunkt für die Umsetzung von Energiesparmaßnahmen in den entsprechenden Bereichen sinnvoll. Der zusätzliche finanzielle Aufwand für die Wärmedämmung ist dann relativ gering.

Sind Instandsetzungsmaßnahmen aber nicht primär erforderlich, können Sie frei wählen, welche Energiesparmaßnahmen an Ihrem Haus zuerst durchgeführt werden sollen. Je nachdem, welche finanziellen Mittel zur Verfügung stehen, muss auch nicht alles sofort in einem Zug gemacht werden, sondern kann, den individuellen Möglichkeiten angemessen, in Stufen durchgeführt werden. Dabei ist aber die Gesamtplanung besonders wichtig. Die einzelnen Konstruktionen müssen planerisch aufeinander abgestimmt sein, damit sie mit den für einen späteren Zeitpunkt vorgesehenen Maßnahmen harmonieren und nicht zur Fehlinvestition werden.

So ist z. B. daran zu denken, dass bei einer Dachsanierung ausreichend Dachüberstand für eine später folgende Fassadendämmung vorgesehen wird. Neue Fenster einschließlich der Simse sollten so eingebaut werden, dass eine Fassadendämmung gut angeschlossen werden kann.

Es empfiehlt sich, möglichst sinnvoll zusammenhängende und finanzierbare Pakete zu schnüren, die dann in Stufen realisiert werden können.

Das Dach und/oder die Fenster nehmen bei der Hausisolierung eine wichtige Stellung ein. Die Fenster deshalb, weil durch die Undichtigkeit und den schlechten U-Wert (z. B. von Fenstern mit nur einer Scheibe) sehr viel Wärme verloren gehen kann. Das Dach und die Dachfenster sind vor allem dann wichtig, wenn Sie daran denken, unter dem Dach zusätzlich nutzbaren Raum zu schaffen. Möglicherweise reicht es aber auch, die obere Decke zum Dachraum zu dämmen, wenn der Dachraum nicht als Wohnraum genutzt werden soll.

Sinnvolle Isolierungsmaßnahmen in der Übersicht:

Energetische Maßnahmen, sinnvolle Kombinationen	Grund für die Kombination:	Ihr Kommentar:
Dämmung Außenwand, Perimeterdämmung, Fenstersanierung	Bauteile-Anschlüsse, Fensteranschlüsse, Simse, Fensterlaibungen	
Dämmung Dach, Wanddämmung, Fenstersanierung	Bauteileanschlüsse, Dachüberstand, gemeinsames Gerüst	
Heizungssanierung, Solaranlage, Dämmung der Kellerdecke	Kostenvorteil: kleinere Heizungsanlage/Brennstoffvorrat, Leitungsverlegung, gemeinsam genutzte Komponenten	

Abb. 1.7 – Energetische Maßnahmen, sinnvoll kombiniert.

1.4 Anhaltswerte für Kosten und Einsparungen

Konkrete Kostenaussagen und Energiesparpotenziale können natürlich nur am Gebäude exakt ermittelt werden. Für Ihre erste Einschätzung finden Sie nachfolgend eine grobe Kostenorientierung. Die Werte sind in Euro pro m² Bauteilfläche (BTF) angegeben (Material und Einbau). Es ist besonders sinn-

Dämmung Dach			
	Mindestdicke, Dämmung	Reduzierung Energieverbrauch je m²/Jahr*)	Kosten ca. €/m² **)
Zwischensparrendämmung	20 cm	140 kWh	125-150
Aufsparrendämmung	20 cm	140 kWh	125-150
Flachdach, warm	20 cm	140 kWh	70-100
Dämmung oberste Geschossdecke			
Begehbar	20 cm	130 kWh	35-50
Nicht Begehbar	20 cm	130 kWh	25-35
Dämmung Außenwand			
Wärmeverbundsystem (WDVS)	12 cm	120 kWh	95-130
Fassade hinterlüftet (Vorhang)	12 cm	120 kWh	100-200
Innendämmung			
Innendämmung	6 cm	90 kWh	30-35
Fenstersanierung (ausgehend von Einfachverglasung)			
	Mindest-U- Wert W/(m²K)	Reduzierung Energieverbrauch je m²/Jahr	Kosten ca. €/m²
Glasaustausch, Verglasung	1,1 (Rahmen alt)	120 kWh	130-200
Fensteraustausch	1,1	140 kWh	350-600
Dämmung Keller			
Decke von unten	6 cm	40 kWh	20-35
Decke von oben	6 cm	40 kWh	40-50

**) Die Angaben zum Einsparpotenzial können in Abhängigkeit vom Sanierungskonzept und den Nutzungsgewohnheiten schwanken.
*) Die Preisangaben können regional schwanken und stellen lediglich einen tendenziellen Orientierungswert dar.

Abb. 1.8 – Orientierungswerte für Kosten und Einsparungen (Energieverbrauch).

1.4 Anhaltswerte für Kosten und Einsparungen

voll und wirtschaftlich, Dämmmaßnahmen mit anstehenden Instandsetzungen zu kombinieren. Kombinierte Wärmeschutzmaßnahmen bringen in der Regel mehr als die Summe der Einzelmaßnahmen.

> **Tipp**
>
> Faustformel, um den zukünftigen Energieverbrauch über den Daumen zu errechnen:
>
> Der neue U-Wert (geplante Dämmung) mit 0,8 multipliziert ergibt den Jahresverbrauch (Heizung) in kWh/m² (m² = Außenfläche des Gebäudes).

2 In fünf Schritten zum Energiesparhaus

Sofern der Heizenergiebedarf Ihrer Immobilie bei mehr als 200 kWh/m² und Jahr liegt, können Sie mit den folgenden fünf Schritten eine Reduzierung des Energiebedarfs von 50 % und mehr erreichen. Das Ziel, dadurch mindestens ein 10-Liter-Haus zu schaffen, ist damit sehr realistisch.

2 In fünf Schritten zum Energiesparhaus

1. **Schritt:** Wärmedämmung des Dachs. Ca. 20 cm Dämmung z. B. zwischen und unter den Sparren. Sanierung der Dachfenster. 20 cm Dämmung von Flachdächern oder 20 cm Dämmung der obersten Geschossdecke.
2. **Schritt:** Wärmedämmung der Außenwand. Mindestens 12 cm Außenwanddämmung oder 6 cm Kerndämmung (zweischalige Außenwände) oder 6-8 cm Innendämmung, wenn eine Außendämmung nicht möglich ist.
3. **Schritt:** Fenstersanierung. Austausch der Verglasung in vorhandenen Fensterrahmen oder Neufenster mit Wärmeschutzisolierverglasung (U-Wert des Glases 1,1 W/m²K).
4. **Schritt:** Wärmedämmung der Kellerdecke. 6 cm Dämmplatten unter der Decke oder im neuen Fußbodenaufbau oberhalb des Kellers.
5. **Schritt:** Effiziente Heizungsanlage. Brennwertkessel (Gas oder Öl), Scheitholz- oder Holzpelletheizung, Warmwasser durch Solaranlage und solare Heizungsunterstützung.

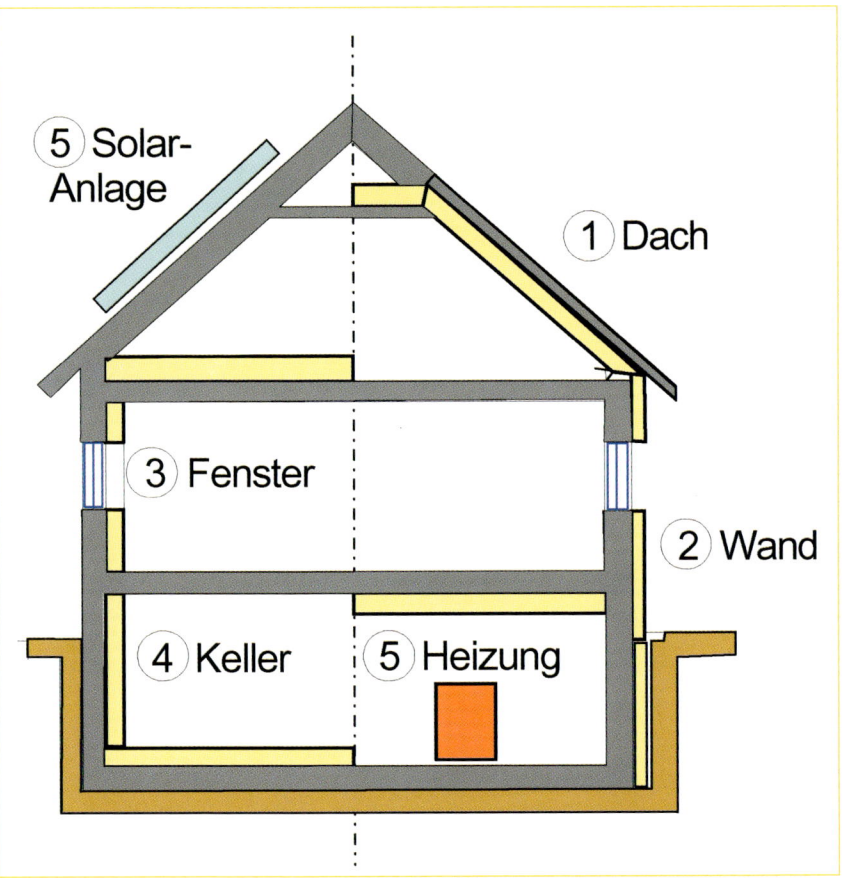

Abb. 2.1 – Prinzipdarstellung der erforderlichen fünf Schritte, um zum 10-Liter-Haus zu gelangen.

2.1 Dämmstoffe im Vergleich

Im Handel gibt es eine große Auswahl an dämmenden Materialien für die jeweiligen Bereiche der Gebäudehülle. Angeboten werden künstlich organische Dämmstoffe wie z. B. Polystyrol und Polyurethan, künstlich anorganische Dämmstoffe wie z. B. die Mineralfasern (Glaswolle, Mineralwolle), Perlite, Blähton und Schaumglas sowie Dämmstoffe aus nachwachsenden Rohstoffen wie z. B. Flachs, Zellulose, Kork, Holzfasern, Kokosfasern, Stroh oder auch Schafwolle. Welche Dämmstoffe jeweils wie viel an Energie einsparen können und in welcher Höhe diese im Verhältnis kostenmäßig zu Buche schlagen, hängt von verschiedenen Faktoren ab, z. B. auch von der Art Ihrer Immobilie und ob Sie die

Material	Produktbeispiel	ungef. Preis*) im Handel, in € pro m³	Sinnvoller Einsatzbereich, Dämmung Altbau/Neubau	Wärme-Leitfähigkeit λ
Flachs	Heraklith Heraflax	140,00	Dach, Inwanddämmung	0,04
Glaswolle	Isover Klemmfilz	45,00	Dach, Decken, Wände, innen	0,04
Hanf	Hock Thermo-Hanf	135,00	Wände, innen	0,04
Holzfaser	Pavatex Pavatherm	235,00	Dach, Wände, innen, außen	0,04
Kork		270,00	Wände, innen	0,04
Perlit	Knauf Perlite, Isoself	190,00	Geschossdecke, Fußboden	0,05
Polystyrol	Knauf Therm Schwenk Styrotect'S Styropor	100,00	Dach, Wände, innen Umkehrdach, Hausgrund	0,035
Polyurethan (Hartschaum),	Linzmeier Linitherm Styrodur	190,00	Dach, Boden	0,0035
Schafwolle	Alchimea Lana	140,00	Dach	0,04
Schaumglas		410,00	Flachdach, Wände, Hausgrund	0,04
Steinwolle	Rockwool Klemmrock	55,00	Dach, Decken, Wände, innen	0,035
Stroh	Ballen	30,00	Wände	0,05
Zellulose (Papierrecycling)	Isofloc	130,00	Dach, Wand, Geschossdecke, innen, außen	0,039
Zelluloseplatten (Papierrecycling)	Homatherm	145,00	Dach, Wand	0,039

*) Die Preisangaben können regional schwanken und stellen lediglich einen Orientierungswert dar. Die Preise wurden auf den m³ umgerechnet und können bei Platten entsprechend der Plattendicke zurückgerechnet werden. Dies stimmt aber nur grob, da das Verhältnis Plattendicke/Preis nicht immer proportional ist.

Abb. 2.2 – Dämmstoffe im Überblick, alphabetisch geordnet. Preisangaben für Materialkosten.

2.1 Dämmstoffe im Vergleich

> **Tipp**
>
> Verwenden Sie nur Dämmstoffe, die eine baurechtliche Zulassung haben. Andernfalls können Sie Schwierigkeiten mit den Bauaufsichtsbehörden (Brandschutz) und Ihrer Hausversicherung bekommen.

Dämmung von einem Handwerker durchführen lassen oder selbst durchführen möchten. Ein wichtiger Aspekt ist der zuletzt genannte, da die Materialkosten rein für die Dämmung etwa einen Anteil von 20 bis 40 % betragen. Dazu kommen weitere Materialkosten (Anschlüsse, Verkleidungen usw.) mit bis zu 20 %. Der größte Anteil sind die Lohnkosten, diese betragen ca. 40 bis 50 %. Für Heimwerker ist oft entscheidend, ob/wie sie das Dämmmaterial gut und problemlos selbst einbauen und verarbeiten können. So bieten sich z. B. bei der Dämmung zwischen den Sparren Materialien von der Rolle und Platten an oder aber auch solche, die eingeblasen werden können (siehe Kapitel *Beim Dach nicht kleckern*).

Natürlich ist die Entscheidung auch von den Kosten und den indi-

Wärmedurchgangskoeffizient (U-Wert)

Der *U-Wert* (früher K-Wert) ist ein Maß für den Wärmedurchgang durch eine Materialschicht, wenn auf beiden Seiten verschiedene Temperaturen herrschen. Der Wert gibt an, welche Wärmemenge durch einen Quadratmeter Wandfläche (auch mehrschichtig) von einem Meter Dicke innerhalb einer Stunde entweicht, wenn die Lufttemperatur an beiden Seiten der Wand sich um ein Grad Celsius (1° Kelvin) unterscheidet (also z. B. im Innenraum 18 Grad herrschen, die Außentemperatur aber nur 17 Grad beträgt). Je kleiner der U-Wert, desto geringer ist der Wärmeverlust. Ausgedrückt wird der U-Wert in Watt je Quadratmeter und Kelvin für die Temperatur (W/m²K). Den U-Wert können Sie vereinfacht berechnen, wenn Sie die Wärmeleitfähigkeit durch die Dämmstoffdicke dividieren.

Beispiel: 16 cm dicker Dämmstoff mit einer Wärmeleitfähigkeit von 0,04 W/mK

Rechenweg: 0,04 W/mK : 0,16 m = 0,25 W/m²K

Wärmeleitgruppen

Wärmedämmstoffe werden nach ihrer Wärmeleitfähigkeit in *Wärmeleitgruppen* eingeteilt. Die Berechnung erfolgt aus der Multiplikation des λ-Werts mit 1.000.

Beispiel: 0,035 x 1.000 = 35

Umkehrschluss: Die Wärmeleitgruppe 035 entspricht einem λ-Wert von 0,035 W/m²K. (Die „0" bei 035 hat nur formale Gründe).

Wärmespeichervermögen

Je mehr Wärme ein Stoff speichern kann, umso träger reagiert er bei Aufheizung und Abkühlung. Der Stoff kann so ausgleichend auf das Raumklima wirken. Optimal verhalten sich hier Holz- und Zellulosedämmstoffe.

2.1 Dämmstoffe im Vergleich

viduellen Vorlieben abhängig: Möchten Sie lieber einen natürlichen Dämmstoff oder ein preiswerteres Kunstprodukt?

Beschreibung einiger Dämmaterialien
- **Extrudiertes Polystyrol (XPS):** grüne oder rosafarbene Dämmplatten, die meist im Nassbereich zum Einsatz kommen. Durch die Unempfindlichkeit bei Nässe und die hohe Druckfestigkeit werden die Dämmplatten in der Perimeterdämmung, im Sockelbereich, bei Balkonen, Flachdächern und auch für lastabtragende Dämmungen verwendet. Ein bekannter Handelsname ist z. B. „Styrodur".
- **Holzfaser und Holzweichfaserplatten:** bestehen aus Rest- und Abfallholz und werden unter Druck und erhöhter Temperatur hergestellt. Holzfaserplatten lassen sich gut in Dachschrägen, z. B. über den Sparren als Dämm- und Hinterlüftungsebene, einbauen. Ein bekannter Handelsname ist z. B. „Gutex". Bituminierte Holzfaserplatten sollten nicht im Innenraum verwendet werden, da es zu schädlichen Ausdünstungen kommen kann.
- **Mineralfasern:** Zur Gruppe der künstlichen Mineralfasern (KMF) gehören Stein-, Glas-, Keramik- und Schlackefasern. Die Rohstoffe der Mineralfasern werden geschmolzen und im Schleuder- oder Blasverfahren durch dünne Düsen gepresst. Die unzähligen kleinen Fasern werden mit Bindemitteln (z. B. Phenol-Formaldehydharzen) vermischt, sodass beim Verarbeiten zu Dämmmatten der Faserbruch verhindert und durch das Zusammenkleben ein Auseinanderfallen der Platten unterbunden wird. Bei den fertigen Dämmatten beträgt der Anteil an Mineralfasern ca. 90 %, während der Rest aus Kunstharzbindemitteln und aliphatischen Mineralölen besteht. Bekannte Handelsnamen sind z. B. „Isover" oder „Rockwool".
- **Polystyrol (EPS):** meist Dämmplatten (weiß), die aus geblähtem Polystyrolgranulat hergestellt werden. Vielfältige Einsatzmöglichkeiten, z. B. zur Fußbodendämmung unter dem Estrich, als Fassadenplatte (Vollwärmedämmung) und auch zur Deckendämmung (Kellerdecke). Das Material ist feuchtebeständig und hat einen guten Wärmedämmwert. Ein bekannter Handelsname ist z. B. „Styropor".
- **Polyurethan (PU, PUR):** Anwendung z. B. als aluminiumkaschierte Dämmplatte für Aufsparrendämmung oder als Schaum (Montageschaum) zum Dichten von Fenstern, Türen oder Mauerdurchführungen.
- **Schafwolle:** Schafwolle gibt es als Matten, Filz und Stopfmaterial. Durch entsprechende Schutzmittel, wie z. B. Borsalze, wird die Schafwolle schädlingsresistent (Motten). Verwendbar für Dachschrägen, Trennwände und als Stopfmaterial für Ritzen. Die Verwendung ist überall dort möglich, wo die Dämmung nicht druckfest sein muss. Der große Vorteil von Schafwolle ist, dass sie ohne Probleme bis zu einem Drittel ihres Eigengewichtes an Feuchtigkeit aufnehmen und damit feuchtigkeitsregulierend eingesetzt werden kann.
- **Zellulosedämmstoff:** wird aus Altpapier gewonnen. Unter Zugabe von Borsalzen, die gegen den Befall von Bakterien und Schädlingen schützen, wird das Papier zerkleinert und anschließend in Säcke gefüllt. Ein bekannter Handelsname ist z. B. „Isofloc". Zellulosedämmstoff ist auch als kompak-

2.1 Dämmstoffe im Vergleich

te Dämmplatte erhältlich. Ein bekannter Handelsname ist hier z. B. „Homatherm".

Die Amortisation der Wärmedämmung hat sich auf jeden Fall durch die zunehmend steigenden Öl-, Gas- und Strompreise in den letzten Jahren deutlich zur positiven Seite verlagert.

Außendämmung/Innendämmung:
Eine Außendämmung wird außerhalb der Gebäudehülle angebracht. Wenn möglich sollte die Außendämmung bevorzugt verwendet werden, da sich dann der Taupunkt außerhalb der Außenwand befindet. Die Innendämmung wird von innen an der Außenwand aufgebracht.

Das Prinzip Innendämmung:
Um Feuchtigkeitsschäden zu vermeiden, muss die Dämmung in der Regel durch eine Dampfsperre auf der Innenseite ergänzt werden. Diese Dichtungsebene muss sorgfältig ausgeführt werden, denn durch undichte Stellen würde die feuchtwarme Raumluft in die Dämmung eindringen. Die Luft kondensiert dann zwischen der Dämmung und der kalten Außenwand und das Tauwasser tropft in die Dämmung hinein (fällt aus).

Das kann zu Pilzbefall und Schäden in der Hauswand (am Mauerwerk) führen. Da die Dämmung auf der Innenseite angebracht ist, schützt sie das Mauerwerk nicht. Bei sehr niedrigen Außentemperaturen kann Frost eindringen und durch die Temperaturdifferenz zwischen Mauerwerk und Dämmung zu Schäden wie z. B. Rissbildungen im Mauerwerk führen. Bei Innendämmungen sind in der Regel Dämmstärken ab ca. 6 cm zu empfehlen. Trotzdem wird die Energieeinsparung nicht so hoch ausfallen wie bei einer gleich starken, außen angebrachten Wärmedämmung (Außendämmung). An den Stellen, an denen Decken und Innenwände eine direkte Verbindung mit der Gebäudeaußenwand aufweisen, wirken diese wie eine Wärmebrücke. Dieses Problem kann durch den Einbau einer Innendämmung nicht vollständig verhindert werden.

> Bezüglich der Verarbeitung für den Heimwerker hat Stiftung Warentest (z. B. Heft 10/2005) eine Reihe von Dämmstoffen untersucht und die Ergebnisse veröffentlicht. Diese können auch im Internet eingesehen werden (*www.Stiftung-Warentest.de*).

2.2 Beim Dach nicht kleckern

Ein gut gedämmtes Dach kann die Wärmeverluste des gesamten Hauses um rund 20 Prozent mindern. Im Winter könnten Sie bei einem schlecht gedämmten Dach zur Not noch heizen. Im Sommer dagegen schützt eine gute Dämmung auch vor übermäßiger Hitze. Bei intensiver Sonneneinstrahlung können unter den Ziegeln Temperaturen von über 60 Grad Celsius entstehen. Wenn aber das Dachgeschoss in den Sommermonaten zur Sauna wird, lässt es sich schlecht nutzen. Vor allem, wenn die Winter immer milder werden und die Sommer eher noch wärmer.

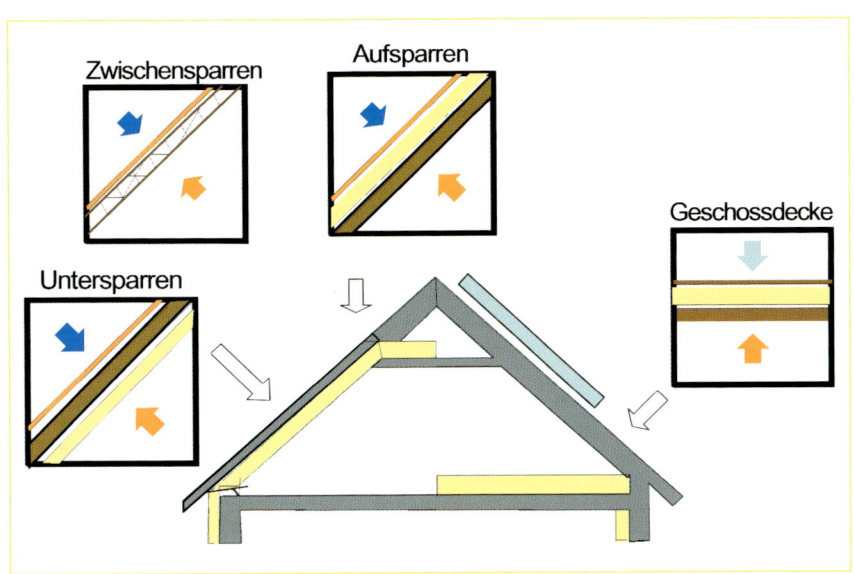

Abb. 2.3 – Dämmmaßnahmen beim Dach, die unterschiedlichen Möglichkeiten.

Dicke Dämmstoffschichten sind also unbedingt zu empfehlen und lassen sich meist auch problemlos realisieren. Die Dachdämmung ist eine Innendämmung. Somit gelten alle Regeln (Dampfbremse, Wärmebrücken usw.), wie sie bei der Innendämmung beschrieben werden. Insbesondere ist die Luftdichtigkeit bei der Dachdämmung sehr wichtig.

Warme Luft steigt nach oben und entweicht durch die kleinste Ritze im Dach. Entscheidend ist beim Dachraum auch, ob er bewohnt oder zur Lagerung und zum Wäschetrocknen benutzt wird.

Energieeinsparverordnung für Dachräume

Das Dachgeschoss muss gedämmt werden, wenn es als Wohnraum genutzt wird. Für die Dachdämmung ist dann ein U-Wert von mindestens 0,25 W/m²K vorgeschrieben. Diesen Wert erreichen Sie z. B. mit einem Dämmstoff aus der Wärmeleitgruppe 035 in einer Stärke von 14 cm, der zwischen oder unter den Sparren eingebaut wird. Bei Stoffen aus der Wärmeleitgruppe 040 sind es 16 cm Stärke.

2.2 Beim Dach nicht kleckern

Wenn der Dachraum bewohnt wird, sollte die evtl. vorhandene Decke zum Spitzboden ebenfalls gedämmt sein. Ist der Spitzbogen auch als Wohnraum nutzbar, ist die Dämmung bis in den Spitzgiebel hinein auszuführen. Besteht nicht die Absicht oder die Möglichkeit, den Dachraum als Wohnraum zu nutzen, ist es sinnvoller, lediglich die oberste Geschossdecke (Fußboden des Dachraumes) zu dämmen. Hier ist die Fläche kleiner und somit die Dämmung preiswerter (siehe *Dämmung der obersten Geschossdecke*). Bei der Dachdämmung gibt es mehrere Prinzipien, die kombiniert werden können (siehe auch Abb. 2.3) und nachfolgend beschrieben werden.

2.2.1 Dämmung innerhalb der Sparren

Die Dämmung innerhalb der Sparrenzwischenräume kann sowohl von außen (Ziegel abgedeckt, Dachraum ausgebaut) oder aber vom Dachraum aus erfolgen. Das Verfahren der Dämmung vom Dachraum aus ist für den Selbstbauer sehr günstig und kann bei jeder Witterung und zu jeder Jahreszeit ausgeführt werden. Ist das Dach bereits ausgebaut, kann evtl. nachträglich ein Dämmstoff eingeblasen werden, wenn ein abgeschlossener Hohlraum zwischen den Sparren (und dem Wohnraum) vorhanden ist. Problematisch ist oft die Dicke der Dämmung, die sich bei diesem Verfahren nach der Sparrendicke richtet.

Möglichkeiten, wenn das Dach bereits ausgebaut ist:

1. In den Sparrenzwischenraum kann, z. B. vom Spitzboden aus, ein Dämmstoff eingeblasen werden.
2. Durch das Einschieben von Dämmkeilen in die Sparrenzwischenräume kann eine nachträgliche Dämmung realisiert werden.
3. Dämmmaßnahme wird von außen durchgeführt (Ziegel abdecken).

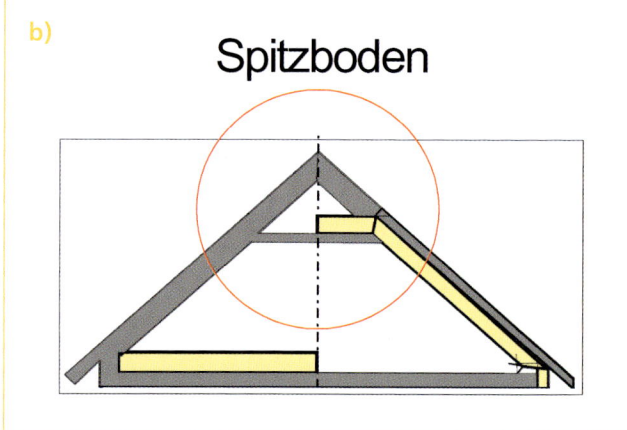

Abb. 2.4 – Dachraum, Spitzboden. **a)** Fachwerkgiebel von innen. **b)** Prinzipskizze mit Dämmbereich.

Bitte prüfen Sie zuerst, ob Dachhaut und Innenverkleidung intakt sind.

2.2 Beim Dach nicht kleckern

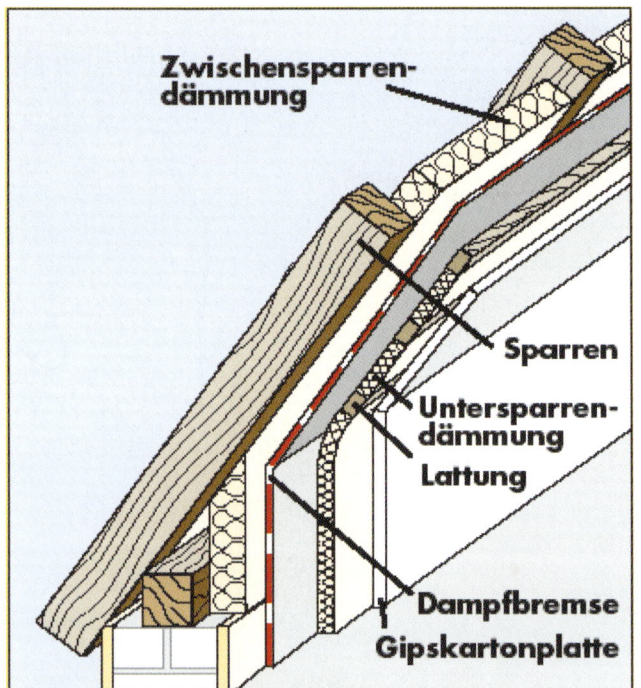

Abb. 2.5 – Beispielhafte Darstellung der Zwischensparrendämmung mit einer zusätzlichen Dämmung unter den Sparren, um Wärmebrücken zu reduzieren. (Quelle Energieagentur NRW)

Abb. 2.6 – Zwischensparrendämmung von innen montiert. Alternative Materialien: **a)** Zelluloseplatten (Quelle: Homatherm). **b)** Glaswolle (Quelle: Saint Gobain, Isover).

Ist das Dach noch nicht ausgebaut, sind noch alle Möglichkeiten offen.

In der Regel wird die Dämmung mit Dämmstoffmatten z. B. aus Mineralwolle oder einem Zellulosedämmstoff (wie z. B. Isofloc) realisiert. Sind die Sparren für die erforderlichen Dämmstärken zu knapp bemessen (und der Dachausbau hat noch nicht stattgefunden), kann der Sparrenzwischenraum (Schichtdicke) durch eine zusätzliche Lattung (Aufdoppeln) quer oder längs zum Sparren vergrößert werden. Das ermöglicht auch die gerade Ausrichtung der Unterkonstruktion für die Innenverkleidung und verringert obendrein die Wärmebrückenwirkung der Sparren.

Die Dämmung ist sorgfältig auszuführen. Die besondere Aufmerksamkeit gilt hierbei der Vermeidung von Wärmebrücken. Die kleinsten Lücken müssen

2.2 Beim Dach nicht kleckern

Abb. 2.7 – Wenn erforderlich, können die vorhanden Sparren verstärkt bzw. aufgedoppelt werden.

zwingend ausgefüllt werden. Bei Dämmstoffmatten wird dies dadurch erreicht, dass die Dämmlage etwas breiter als der jeweilige Sparrenzwischenraum zugeschnitten und dann eingeklemmt wird. Holz- und Stahlträger sollten ebenfalls eine umfassende Verkleidung erhalten, um Wärmebrücken zu vermeiden.

Unter die Sparren und Dachbalken kann zusätzlich noch eine durchgehende Dämmplatte montiert werden, wie dies in Abb. 2.5 dargestellt ist, denn auch das Holz der Sparren leitet Wärme und Kälte.

Die Ausführung mit Plattenmaterial der handelsüblichen Dämmstoffe ist bei einem kleinteiligen Dach sehr aufwendig. Dies betrifft vor allem das Zuschneiden und Einpassen der Dämmplatten. Um die Materialkosten niedrig zu halten, ist es sinnvoll, Reststücke zu verwenden (stückeln). Es ist aber darauf zu achten, dass keine Lücken entstehen. Bei einem unkomplizierten Ausbau sind Dämmplatten gut und schnell zu verarbeiten. Eine Alternative, nicht nur für komplizierte Dachstühle, ist die Dämmung mit Flocken, etwa aus Cellulose (z. B. von der Firma Isofloc) oder aus Dämmmaterial, das aus Altglas recycelt wurde. Die Flocken oder das Altglasmaterial werden durch einen langen dicken Schlauch in den Dachstuhl hinter die vorher montierte Dampfsperre geblasen. Die Pumpmaschine kann durch eine Hilfskraft (Eigenleistung) gut mit Material bestückt werden. Die Flocken sind sackweise oben in den Trichter der Maschine zu kippen. Das Ausflocken sollte

Abb. 2.8 – Dämmmaßnahme durch Ausflocken, Bestückung der Maschine z. B. unten vor der Garage.

2.2 Beim Dach nicht kleckern

aber besser von einem Profi durchgeführt werden. Denn das gleichmäßige Einbringen des Dämmstoffs auch in die letzten Winkel ist für eine gute Dämmung wichtig und braucht viel Erfahrung. Die Qualität des Einblasens kann am Schluss auch daran geprüft werden, ob genügend Isoliermaterial verbaut wurde (Säcke zählen). Eine weitere Möglichkeit zur Kontrolle besteht darin, dass nach dem kompletten Ausflocken eine Druckluftprüfung und eine Wärmekamera-Aufnahme durchgeführt werden. Der Drucktest (*Blower-Door-Test*) kostet einige Hundert Euro und gibt Ihnen die Sicherheit, dass die Dämmung gut und dicht ausgeführt wurde.

2.2.2 Dämmung oberhalb der Sparren

Die Dämmschicht wird von außen auf den Sparren aufgebracht und befestigt, bevor das Dach wieder mit Ziegeln eingedeckt wird.

Die Dämmschicht ist durchgehend und ohne Unterbrechungen auf der Dachfläche vorhanden und mögliche Wärmebrücken durch die Sparren entfallen.

Eine Dämmung über den Sparren wird gerne bei Neubauten und bei bereits ausgebauten Dächern im Bestandsbau gewählt. Die Aufsparrendämmung ist die

> **Blower-Door-Test**
>
> Test zur Feststellung der Luftdichtigkeit einer Gebäudehülle (siehe auch weiter hinten).

Abb. 2.9 – Ausflocken im Dachraum. Der Befüllstutzen wird durch ein Loch in der Dampfbahn eingeführt. Dann wird der Zwischenraum von unten nach oben – durch Rückzug des Stutzens – sorgfältig befüllt. Das Loch wird anschließend luftdicht verschlossen. Besteht eine Verkleidung, können die Einfülllöcher mit einer Lochkreissäge (wie sie auch für Steckdosenausschnitte verwendet wird) selbst ausgesägt und später wieder verschlossen werden.

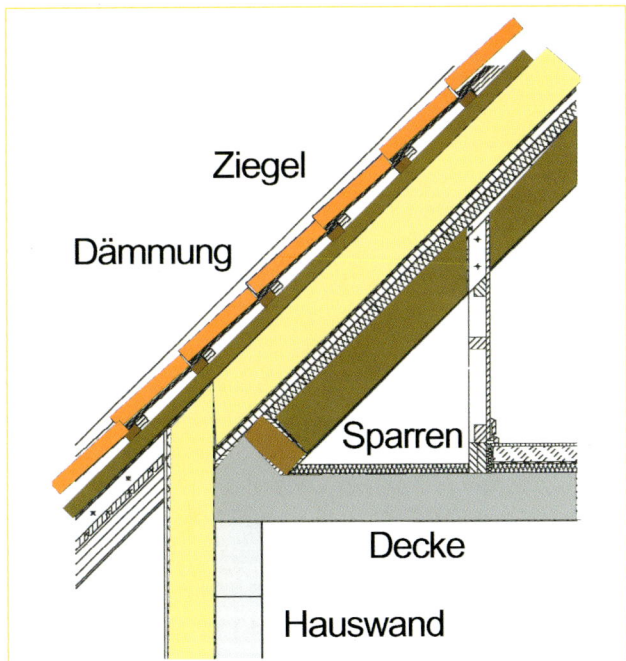

Abb. 2.10 – Prinzipschnitt der Aufsparrendämmung und des Dämmübergangs zur Hauswand.

2.2 Beim Dach nicht kleckern

effektivste Dämmung für das Dach und lohnt sich besonders dann, wenn das Dach neu eingedeckt werden muss. In der Regel kommen hier aufeinander abgestimmte Systeme zum Einsatz. Sie bestehen aus den Dämmplatten, Halterungen und Folien (Unterspannbahn, Dampfbremse). Während die tragende Dachkonstruktion (Sparren) erhalten bleibt, entsteht nach außen hin ein völlig neues Dach. Es ist besonders auf eine ausreichende statische Verbindung zwischen den Sparren, der Aufsparrendämmung und der Lattung für die Ziegel zu achten, ohne dass dabei Wärmebrücken entstehen. Die statische Verbindung ist vor allem dann zu lösen, wenn das Dämmmaterial nicht lastabtragend ist.

Die Luftdichtheit zwischen Dämmung und Dach und zwischen Sparren und Innenraum ist auch hier sorgfältig auszuführen. Achten Sie vor allem auf die luftdichten Anschlüsse zwischen Dachdämmung und Fassadendämmung. Hier können im Bereich der Sparrendurchdringungen spezielle luftdichte Manschetten oder Klebebänder verwendet werden.

2.2.3 Sparren neu ausrichten

Bei älteren Gebäuden wurde oft am Sparrenquerschnitt gespart und der Dachstuhl kann schon in der Mitte durchhängen (am First von Giebel zu Giebel eine Schnur spannen). Die Sparren sind zusätzlich evtl. vom Holzwurm angefressen oder aus anderweitigen Gründen statisch unzureichend und sollten ausgetauscht oder verstärkt werden. Dann sollte man das Dach komplett abdecken und seitlich an die vorhandenen Sparren neue Sparrendielen einbauen oder vom Zimmermann einbauen lassen. Die seitlichen Flanken können schmal in der Breite (z. B. 6 bis 8 cm), aber hoch (20 bis 30 cm) sein. Das Höhenmaß trägt zusätzlich und gibt die Dämmdicke vor. Sind die vorhandenen Sparren von Holzschädlingen befallen, sollte druckimprägniertes Holz verwendet werden. Wenn die Ziegel noch gut er-

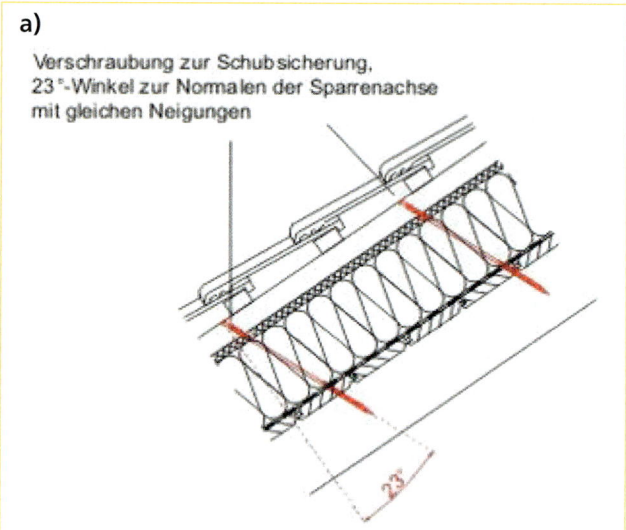

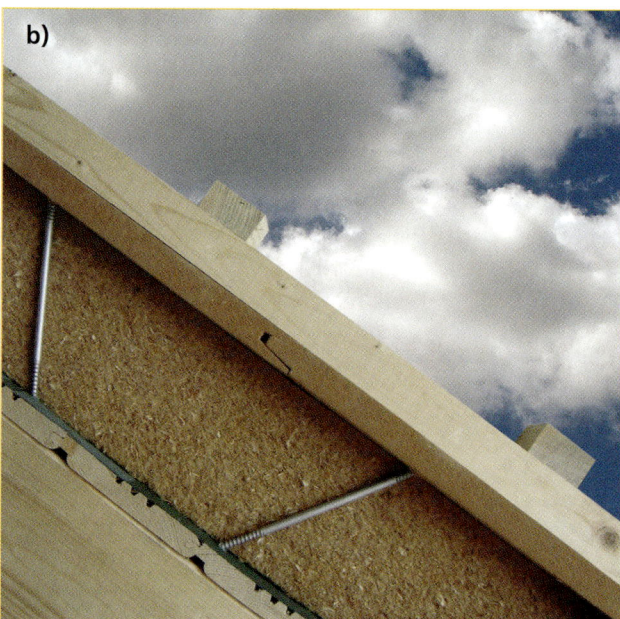

Abb. 2.11 – Schubsicherung bei Materialien wie Zellulose und Hanf. a) Prinzip-Schnitt, b) praktische Ausführung (Quelle: Homatherm).

2.2 Beim Dach nicht kleckern

halten und genügend Ersatzziegel dieser Sorte vorhanden sind bzw. nachgekauft werden können, können Sie diese zwischenlagern und wiederverwenden. Sind die Dämmung und die Unterspannbahn von außen eingebaut, können die Ziegel wieder eingedeckt werden (lohnt sich nur, wenn Sie diese Arbeit selbst durchführen, ansonsten verwenden Sie besser neue Ziegel).

Das sanierte Sparrendach kann jetzt z. B. mit Zellulose ausgeblasen werden (siehe auch Abb. 2.9). Anstatt oder auch zusätzlich zu einer Unterspannbahn können oberseitig (bituminierte) Holzweichfaserplatten (außen) auf die Sparren montiert werden. Unterseitig, zum Innenraum hin, können z. B. gipskartonverkleidete Sperrholzplatten (oder OSB- und Gipskartonplatten) montiert und im Stoßbereich luftdicht verklebt werden. Im Anschluss zu evtl. eingebauten Dachfenstern muss auf jeden Fall eine Unterspannbahn eingebaut werden.

2.2.4 Dämmungskombinationen beim Dach

Angesichts heute üblicherweise verwendeter Dämmstoffstärken kommt eine alleinige Dämmung unter den

Abb. 2.12 – Dach abgedeckt. Seitlich an die alten Sparren werden neue Sparrendielen angepasst.

Abb. 2.13 – Innenansicht mit flankierenden neuen Sparren und der Weichfaserplatte außerhalb der Sparren als Dampfdiffusion. Durch entsprechende Nuten dichten sich die Weichfaserplatten selbst ab.

Sparren eher selten oder nur noch als zusätzliche oder nachträgliche Dämmung infrage. Sie kann mit allen gängigen Dämmmaterialien durchgeführt werden. Eine Folie für die Luftdichtung ist aber in jedem Fall erforderlich (falls nicht schon eine dichte Zwischensparrendämmung existiert). Der Nachteil ist, dass sich der

2.2 Beim Dach nicht kleckern

Dachraum verkleinert. Sinnvoller sind, je nach den örtlichen Gegebenheiten, aber Kombinationen der weiter oben beschriebenen Dämmvarianten.

Bei einem Dachgeschossausbau könnte beispielsweise folgende Dämmvariante verwendet werden:

- Zwischen den Sparren 18 cm Zellulosedämmung (eingeblasen).
- Eine zusätzliche durchgehende Aufsparrendämmung (8 cm).
- Eine 6 cm durchgehende dicke Dämmlage unter den Sparren. Zusammen ergeben sich 32 cm und damit ein sehr gut gedämmtes Dach mit wenig Wärmebrücken.

2.2.5 Dämmung der obersten Geschossdecke

In Gebäuden, in denen das Dach z. B. aufgrund zu geringer Höhe nicht ausgebaut werden kann oder soll, der Dachraum aber zugänglich ist, schreibt die Energieein-

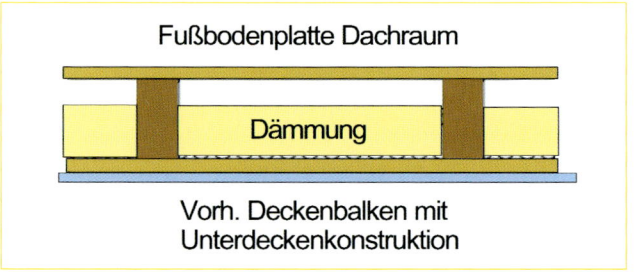

Abb. 2.14 – Prinzipschnitt der Dämmung einer obersten Geschossdecke. Bei losem Dämmmaterial (Schüttung) sollte ein Rieselschutz zwischen die Balken gelegt werden.

sparverordnung die nachträgliche Dämmung der obersten Geschossdecke vor. Die Dämmung ist dann erforderlich, wenn der Wärmedurchgangskoeffizient (U-Wert) in der vorhandenen Ausführung einen Wert von 0,30 W/m²K überschreitet (je höher der U-Wert, desto schlechter ist die Dämmung). Bei der Dämmung der obersten Geschossdecke handelt es sich um eine

Checkliste Dach		Klärung	Anmerkung
1	Ist das Dach in Ordnung und dicht (gegen Regen)?		
2	Ist eine Dachdämmung vorhanden?		
3	Ist die Tragfähigkeit des Dachstuhls für weitere Maßnahmen ausreichend?		
4	Welche Dämmungsart ist möglich? (Unter-, Zwischen- oder Aufsparrendämmung)		
5	Sind mehrere Dämmarten in Kombination möglich?		
6	Ist der Dachüberstand für eine Außendämmung geeignet?		
7	Kann Luftdichtigkeit erreicht werden (Planung)?		
8	Wurden Durchdringungen wie Kabel, Antennen, Lüftungen etc. abgedichtet?		
9	Sind Genehmigungen erforderlich (Um- oder Ausbau)?		
10	Flachdach: Ist es möglich, die Dämmung auf die Dachhaut aufzubringen (Umkehrdach, siehe auch unter Dachbegrünung)?		

2.2 Beim Dach nicht kleckern

> **Nachrüstpflicht EnEV**
>
> Diese *Nachrüstverpflichtung* besteht nicht bei Wohngebäuden bis zu zwei Wohnungen, in denen mindestens eine Wohnung seit dem Inkrafttreten der EnEV (1. Februar 2002) vom Eigentümer selbst bewohnt wird. Hier muss nur bei Eigentümerwechsel nachträglich gedämmt werden, dazu bleiben zwei Jahre Zeit.

einfache und preiswerte Dämmmaßnahme, die mit den unterschiedlichsten Dämmmaterialien sehr gut auch in Eigenleistung durchgeführt werden kann.

Ist die Decke bereits gedämmt, aber vom U-Wert her ungenügend, könnte auch eine weitere Dämmung auf der Gehebene aufgebracht werden. Diese sollte dann aber trittfest sein bzw. durch einen Fußbodenbelag abgedeckt werden. Meist macht das aber keinen Sinn, da dadurch die Kopfhöhe im Dachbodenbereich reduziert wird. Besser ist es dann, die alte Dämmung herauszunehmen und eine komplett neue mit guten U-Werten einzubauen.

Aus energetischen Gesichtspunkten und in Ihrem eigenen Interesse sollte eine Dämmung der obersten Geschossdecke (sofern der Dachboden nicht ausgebaut werden soll) in jedem Fall so schnell wie möglich durchgeführt werden.

Abb. 2.15 – Vorbereitung zur Dämmung eines Flachdaches mit Zelluloseflocken. **a)** Unten offen. **b)** Unten geschlossen mit OSB-Platten, kurz vor dem seitlichen Einblasen.

Checkliste Oberste Geschossdecke	Klärung	Anmerkungen
1 Dachboden begehbar? Unterkonstruktion erforderlich?		
2 Auswahl: Dämmplatten oder Dämmstoffschüttung		
3 Ist die Ausziehtreppe gedämmt und luftdicht?		
4 Druckfeste Dämmung? Spanplatten als Gehbelag.		
5 Mögliche Dicke der Dämmung z. B. 12 cm Polystyrol.		

2.3 Was spart die Fassadendämmung?

Bei der Fassadendämmung gibt es vier Hauptmöglichkeiten der Dämmung. Das Wärmedämm-Verbundsystem (WDVS) wird häufig im Massivbau verwendet, vor allem dann, wenn eine Sanierung der Fassade ansteht. Die vorgehängte Fassade ist eine gute Möglichkeit bei nicht sichtbaren Fachwerkfassaden und bietet gute Hinterlüftung der vorhandenen Fassade und einen guten Wetterschutz bei West- und Nordseiten. Die Innendämmung kann mit aller Achtsamkeit beim Denkmalschutz und bei erhaltenswerten Fassaden eingesetzt werden. Die Kerndämmung kann bei zweischaligem Mauerwerk auch nachträglich eingeblasen werden.

Empfehlung für die Dämmstärke

Mindestens 12 cm, besser 14 cm (Dachüberstand beachten).

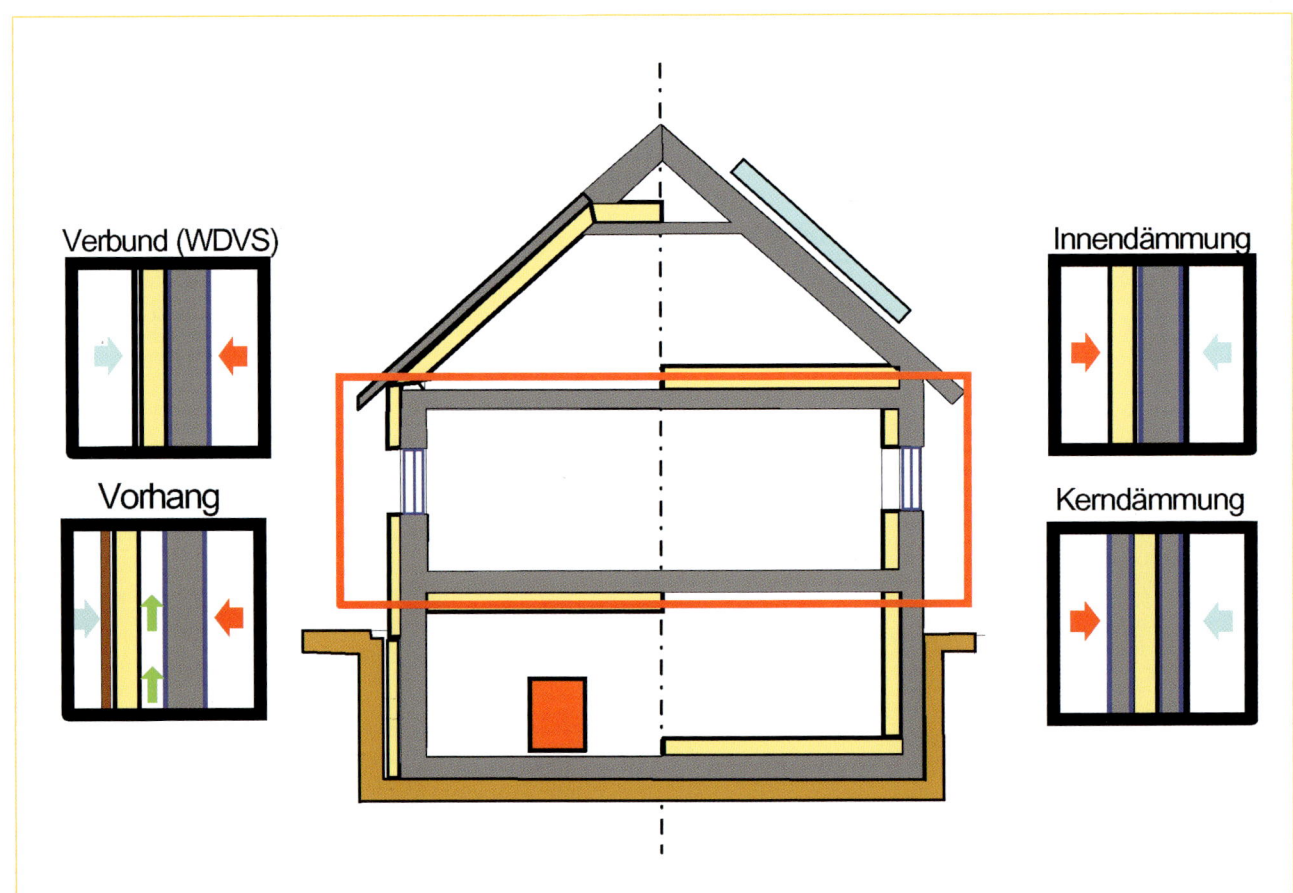

Abb. 2.16 – Übersicht der verschiedenen Dämmmaßnahmen im Fassadenbereich.

2.3 Was spart die Fassadendämmung?

> Dämmungen z. B. im direkten Anschluss zu Nachbarhäusern sollten aus Brandschutzgründen mit Dämmmaterial von ausreichender Brandschutzklasse ausgeführt werden (Produktbedingt).

2.3.1 Wärmedämm-Verbundsystem (WDVS)

Das Wärmedämm-Verbundsystem, das auch als *Thermohaut* bezeichnet wird, besteht aus Dämmstoffplatten, die mithilfe eines speziellen Klebemörtels direkt auf den vorhandenen Außenputz geklebt werden. Die Dämmplatten werden meist auch (bei schlecht haftendem vorhandenem Putz) noch zusätzlich verdübelt. Darüber werden Schichten aus Armierungsgewebe und Armierungsmörtel aufgebracht. Die Armierung dient als Grundlage für den neuen Außenputz, damit dieser schlüssig auf der Dämmung haftet. Die einzelnen Komponenten wie Klebemörtel, Dämmstoffplatten, Armie-

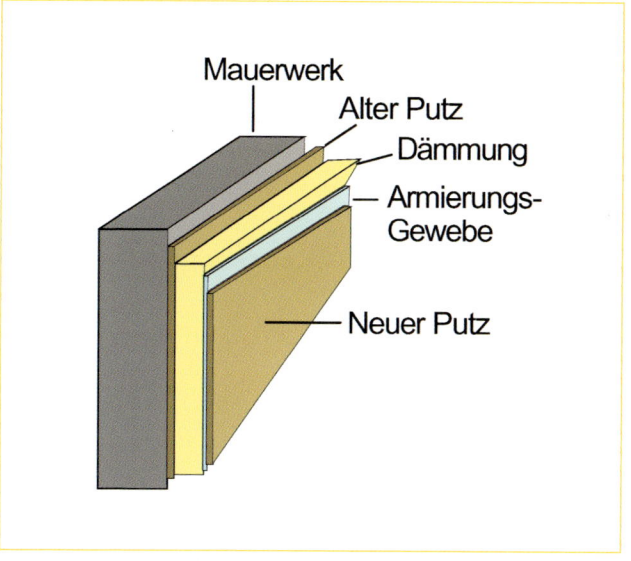

Abb. 2.17 – Prinzipaufbau des Wärmedämm-Verbundsystems (WDVS).

2.3 Was spart die Fassadendämmung?

rungsgewebe usw. sollten aufeinander abgestimmt sein. Dies ist der Fall, wenn Sie die Materialien aus einer Produktpalette beziehen. Die Dämmplatten sollten im Verband (ohne Kreuzfugen) eingebaut werden. Die Stärke der Dämmstoffplatten sollte so dick wie möglich sein.

Für eine *Thermohaut* kommen alle Putzfassaden, aber vor allem auch sanierungsbedürftige Ziegelfassaden infrage. Anstelle eines neuen Putzes kann auch eine Verkleidung der Dämmschicht aus Steinmaterialien oder eine attraktive Solarfassade (Süd- und Westseite) aufgebracht werden.

2.3.2 Vorgelagerte Fassaden

Je nach vorhandener Außenwand und Fassade ist es sinnvoll, die Wärmedämmung mit einer Hinterlüftung auszuführen. Diese Art der Dämmfassade wird auch als *Vorhangfassade* bzw. als *vorgelagerte Fassade* bezeichnet. Vorhangfassaden wurden früher oft bei traditionellen Bauweisen verwendet und bieten optimalen

> Wenn die Dämmung direkt auf der Wand sitzt und zwischen der Fassadenverkleidung und Dämmung die Durchlüftung stattfinden kann, ist dies genau genommen eine *Kaltfassade*. Wird die Fassadenverkleidung samt der Dämmung von der Hauswand abgerückt, handelt es sich um eine *vorgehängte Warmfassade*.

Abb. 2.18 – WDVS aus Mineralwolle, mit meist korrektem wechselhaftem Fugenverbund.

Abb. 2.19 – Wandausschnitt des WDVS. Gut zu sehen sind die Verdübelungen.

2.3 Was spart die Fassadendämmung?

Wetterschutz. Dabei wurden z. B. Holzschindeln, Bretter oder Schieferplatten als Verkleidung verwendet. Sie dienten dabei als Witterungsschutz, aber auch zur optischen Verbesserung der Fassade.

Im Altbau ist dieses Verfahren gut geeignet, um z. B. eine unansehnliche Fachwerkfassade von außen zu dämmen. Die bauphysikalische Funktion der vorhandenen Fassade wird durch die Hinterlüftung weitgehend erhalten oder sogar verbessert. Die aus dem Gebäude herausdiffundierende Feuch-

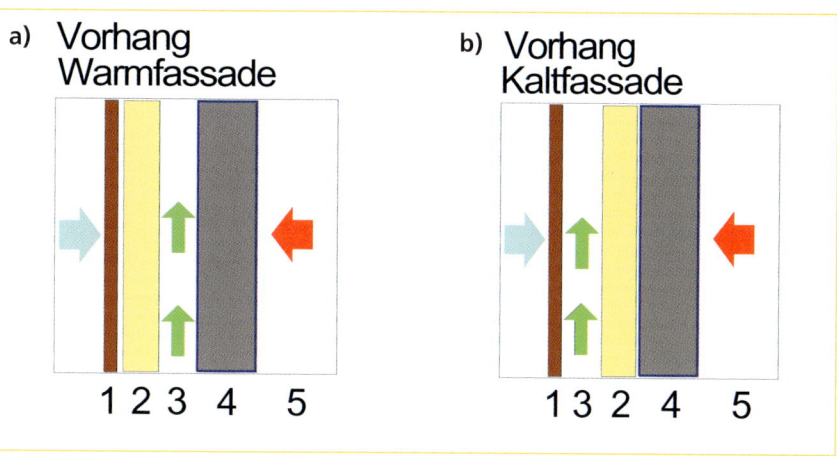

Abb. 2.20 – Vorgelagerte Fassadendämmung (1) Verkleidung, (2) Dämmung, (3) Hinterlüftung, (4) Wand, (5) Wohnraum, beheizt. Prinzip: a) Kaltfassade b) Warmfassade.

tigkeit kann durch die Hinterlüftung abtransportiert werden und bleibt nicht im Mauerwerk zurück. Zur Erstellung einer Vorhangfassade wird zunächst eine Unterkonstruktion aus Holzlatten oder Rahmenschenkeln an der Außenwand angebracht. Der Dämmstoff wird bei der Kaltfassade wie bei der Thermohaut an der Wand befestigt. Bei der Warmfassade werden die Lattung und Konterlattung direkt auf der vorhandenen Hauswand befestigt. Im Abstand wird dann die Dämmung aufgebracht. Die vorgehängte Fassade wird im Abstand von etwa 3-4 cm (bei der Kaltfassade) oder direkt auf die Dämmschicht (bei der Warmfassade) angeordnet.

Abb. 2.21 – Vorgelagerte Holzfassade (Verkleidung).

2.3 Was spart die Fassadendämmung?

Die Hinterlüftung kann die aus der Hauswand diffundierende Feuchtigkeit abführen. Zum Abschluss wird eine Verkleidung aus Holz, Schiefer, Blech, Stein oder gar eine Solarfassade angebracht. Bei einer Holzverschalung gibt es unterschiedliche Gestaltungsmöglichkeiten.

Die vorgehängte Fassade ist durch den Konstruktionsaufwand teurer als ein Wärmedämm-Verbundsystem und hat auch eine größere Aufbaustärke (Gesamtwanddicke), ist bauphysikalisch aber eine hervorragende Lösung. Zu beachten sind auch die Ausbildung des unteren und des oberen Abschlusses der Hinterlüftung, damit sich keine Tiere im Zwischenraum ansiedeln. Bei bestehenden hinterlüfteten Fassaden konnte man feststellen, dass z. B. Spinnen die Hinterlüftung durch die Spinnweben total blockiert hatten. Die Abschlüsse können mit auf dem Markt extra dafür angefertigten Lochblechen hergestellt werden. Der obere Lüftungsaustritt wird am besten unterhalb der Dachdichtung (Ziegel) bis zum First abgeführt. Dort sind dann entsprechende *Firstlüftungsziegel* vorzusehen. Der untere Anschluss muss so ausgebildet sein, dass er dauerhaft für die „Zuluft" frei bleibt.

2.3.3 Sockelanschluss (Perimeterdämmung)

Der Übergangsbereich von Fassadendämmung zum Untergeschoss bzw. Kellerbereich darf nicht vergessen werden. Bei Neubauten erhalten die Kellerwände eine mindestens 10 cm dicke Dämmung mit feuchtigkeitsunempfindlichem Dämmmaterial wie z. B. Polystyrol. Bei Altbauten sind die Kellerwände meist nicht gedämmt und es wäre auch ein unverhältnismäßig hoher Aufwand, dies nachzuholen (Ausnahme: Die Kellerwand muss trockengelegt werden). Wenn es das Gelände (Erdanschluss) zulässt, sollte trotzdem das Dämmsystem der Fassadendämmung mindestens bis 30 cm unter die Kellerdecke geführt werden, um den Wärmebrückeneffekt (im Bereich der Kellerdecke) zu reduzieren.

2.3.4 Kombinierte Fassadendämmung (Fachwerk)

Im bestehenden Fachwerk sind Fugen zwischen dem Holz und den Gefachen an der Tagesordnung. Da durch sie Wind und Regen in die Wandkonstruktion eindringen, sollte die Möglichkeit einer Außenverkleidung geprüft werden. Wenn die Außenverkleidung möglich ist, besteht auch die Möglichkeit zur Außendämmung. Soll

2.3 Was spart die Fassadendämmung?

möglich, sollte eine vorgelagerte und hinterlüftete Fassadenverkleidung (mit Unterspannbahn) zur Wetterseite hin (nach Westen) z. B. aus Lärchenholz als Schlagregenschutz dienen.

oder muss die Fachwerkansicht aber erhalten bleiben, bietet sich nur die Innendämmung an, möglicherweise kombiniert mit einer nachträglichen Dämmung der Gefache. Die Innendämmung sollte aber den Luftaustausch und damit das Trocknen der Fachwerkwand weiterhin zulassen.

Die Dämmung bei Fachwerkwänden kann somit besondere Maßnahmen erforderlich machen. So wäre auch eine kombinierte Dämmung als Innendämmung mit z. B. 12 cm Zellulose und Außendämmung mit 12 cm Zellulose und 2 cm Holzweichfaserplatten möglich. Im Fachwerkbereich sollten Sie aber besser keine Dampfsperre einbauen. Zur Not können Sie mit einer entsprechenden Dampfbremse (je nach Gefache) arbeiten, um die Austrocknung von Schlagregenwasser nach außen und innen zu ermöglichen. Wenn

Abb. 2.22 – Perimeterdämmung (weiß) im Sockelbereich (unterer Anschluss zur WDVS).

2.3 Was spart die Fassadendämmung?

Das praktische Prinzip der Fassadenverkleidung:
Im Außenwandbereich kommen dünne und damit wärmebrückenminimierte Trägerprofile z. B. aus Holz zum Einsatz. Nach Abdeckung dieser Profile mit Holzfaserdämmplatten kann im Zwischenraum (Holzfaserdämmplatten und vorhandene Wand) eine Zellulosedämmung aufgenommen werden. Auf die Holzfaserplatte kann dann eine weitere Unterkonstruktion für die Verkleidung aufgebracht werden.

2.3.5 Dämmen von Trennwänden
Die Dämmung einer Trennwand aus Holzständer- oder Holzrahmenbauweise (Trockenausbau) ist vor allem im Dachbereich eine gute Möglichkeit um Wärmedämmung und gleichzeitig Schallschutz zu erreichen. Gut geeignet sind alle weichen Dämmstoffe wie z. B. Zellulose und Holzweichfaserplatten, Hanf, Mineralwolle mit Folien, eingeschränkt auch Wolle und ähnliche Materialien, die auch zwischen den Dachsparren verwendet werden können.

Checkliste Außenwand	Klärung	Anmerkung
1 Ist eine Außendämmung oder nur eine Innendämmung möglich?		
2 Gibt es Auflagen durch den Denkmalschutz?		
3 Steht das Gebäude direkt an der Grundstücksgrenze (nachbarschaftliche Regelungen)?		
4 Ist die Tragfähigkeit des vorhandenen Putzes für weitere Maßnahmen ausreichend (kleben, dübeln)?		
5 Sind die zu dämmenden Wände in Ordnung? Gibt es Risse, Feuchtigkeit?		
6 Befestigungsmöglichkeiten: Kleben, Dübeln, Schienen?		
7 Ist thermische Entkopplung von Balkonen und Betonplatten möglich?		
8 Ist der vorhandene Dachüberstand für eine Außendämmung geeignet?		
9 Kann Luftdichtigkeit erreicht werden (Planung)?		
10 Anschlüsse an bestehende Bauteile, Fenster, Türen, Innendämmung: Fußboden, Decke, Heizkörpernischen.		
11 Anschlüsse im Kellerdeckenbereich, Wärmebrücken, Perimeterdämmung.		
12 Sind Genehmigungen erforderlich (Um- oder Ausbau)?		
13 Anschlüsse der Dampfbremse, Planung.		

2.4 Gegen Fußkälte und Feuchtigkeit von unten

Fußkälte in Erdgeschosswohnungen und in nicht unterkellerten Gebäuden muss nicht sein. Der Grund für diesen Mangel rührt meist daher:

Kellerdecken und Fußböden im UG sind beim Altbau oft nicht gegen den unbeheizten Keller oder den Untergrund gedämmt. Dadurch herrscht ein verhältnismäßig geringer Temperaturunterschied zwischen der Oberseite des Fußbodens und der kalten Unterseite. Zusätzlich führt ein ungedämmter Fußboden zu hohen Energieverlusten aus dem Raum nach unten. Dadurch kann es sogar zu Schimmelpilzbildung kommen. Mit geringem finanziellem Einsatz können Sie hier viel Energie einsparen und die Wohnqualität nachhaltig verbessern.

Abb. 2.31 – Fußbodendämmung mit 60-mm-Styrodurplatten.

2.4.1 Kellerdeckendämmung

Je nach Örtlichkeit und Möglichkeiten sollte die Dämmung der Kellerdecke bevorzugt auf der Unterseite angebracht werden. Dabei bringt es besonders viel, wenn unbeheizte Kellerräume zum Wohnraum hin gedämmt werden. Bei Vorratskellern oder Abstellräumen genügt es meist, Dämmplatten (z. B. Styrodur) an die Decke zu kleben oder zu dübeln, was Sie sehr gut selbst durchführen können. Dies ist eine einfache und preisgünstige Art der Kellerdeckendämmung. Zur Vermeidung von Wärmebrücken empfehlen sich Platten mit Nut-/Feder-System oder Stufenfalz. Die Hartschaumplatte ohne Verkleidung ist natürlich sehr stoßempfindlich. Es gibt am Markt aber auch Platten mit Verkleidungen und schützenden und gleichzeitig attraktiven Oberflächen. Die Dämmstoffdicke richtet sich möglicherweise auch nach der vorhandenen Raumhöhe im Keller und nach der verbleibenden Höhe für Fenster- und Türstürze.

Kellerdecken mit ungerader und unebener Unterseite (Kappen- oder Gewölbedecken) können entweder mithilfe einer Unter- oder Tragkonstruktion nachträglich oder aber im Sprühverfahren gedämmt werden. Dabei müssen alle Fugen und Randanschlüsse so ausgeführt werden, dass keine kalte Kellerluft hinter die Dämmung gelangen kann

> **Empfehlung**
>
> Die Dämmstärke bei der Kellerdecke sollte mindestens 6 cm betragen. Wenn Niedrighaus-Energieniveau erreicht werden soll, sollten Kellerdecken unbeheizter Räume mit mindestens 8 cm gedämmt werden (Material z. B. Polystyrol).

2.4 Gegen Fußkälte und Feuchtigkeit von unten

Abb. 2.23 – Dämmstoffplatten mit Stufenfalz.

Perimeterdämmung

Bezeichnet die Dämmung der Bauteile im Bereich des Erdanschlusses von Häusern und sonstigen Bauwerken an ihrer Außenseite. Dabei kann es sich entweder um die Dämmung unterhalb der Bodenplatte oder um eine im Erdreich befindliche Kelleraußenwand handeln.

(Kondenswasserbildung). Weiterhin gibt es die Möglichkeit, Flocken wie z. B. Zellulose im *Spray-On-Verfahren* unter die Kellerdecke zu blasen. Diese Methode eignet sich z. B. auch dann, wenn Leitungen unter der Decke verlegt wurden oder die Decke sehr uneben ist.

Aus optischen Gründen oder um die Dämmung vor Beschädigung zu schützen, kann diese mit Gipskarton oder Leichtbauplatten von unten verkleidet werden. Eine weitere mögliche Deckengestaltung mit Wärmedämmung kann mit dem Anbringen einer Holzdecke erreicht werden, in deren Unterkonstruktionsbereich Dämmflocken oder Dämmplatten eingebracht werden können.

2.4.2 Fußbodendämmung

Besteht nicht die Möglichkeit, die Dämmung von der Unterseite her anzubringen, gibt es auch die Alternative, die Dämmschicht von oben auf dem Erdgeschossboden aufzubringen (auf Druckfestigkeit des Dämmmaterials achten). Eine Dämmung von oben ist auch dann zu empfehlen, wenn der Fußboden sowieso ge-

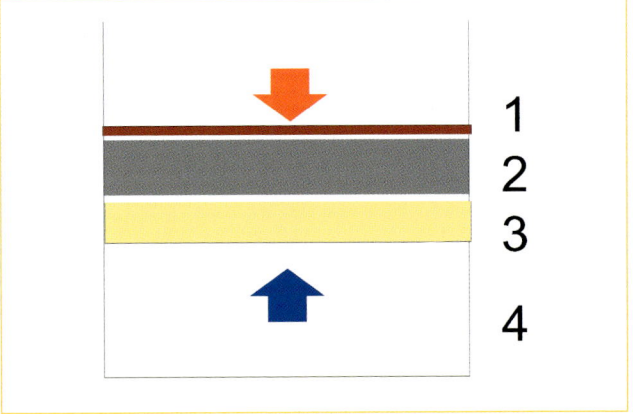

Abb. 2.24 – Prinzip der Keller-Dämmung von unten: (1) Fußboden, (2) Kellerdecke, (3) unterseitige Dämmung, (4) kalter Kellerraum.

2.4 Gegen Fußkälte und Feuchtigkeit von unten

richtet wird. Die Dämmung sollte mindestens 6 cm betragen. Aber auch hier gilt natürlich: Je dicker die Dämmung, desto besser. Natürlich muss die Maßnahme auch mit den möglichen Türunterkanten und der Raumhöhe zusammenpassen. Daher bieten die verschiedenen Hersteller auch unterschiedliche Aufbauhöhen für die Dämmmaterialien an (die Erdgeschossdecke kann z. B. mit 2 bis 6 cm starken PU-Platten gedämmt werden). Bei der beschriebenen Ausführungsart sind durch die Veränderung der Fußbodenhöhe die Türen, Podeste und Treppenabsätze anzupassen. Sind die darunterliegenden Kellerräume unbeheizt, sollte zwischen Fußbodenuntergrund und Dämmung eine Dampfsperre eingebaut werden.

2.4.3 Beheizte Kellerräume

Sind die Kellerräume beheizt, sollten die Außenwände zum Erdreich, die Wände zu den unbeheizten Kellerräumen und der Kellerboden gedämmt werden. Bei der Kelleraußenwand ist, wenn möglich, die außen liegende Dämmung vorzuziehen. Wenn das Erdreich bis zum Fundament abgegraben werden muss (z. B. dann, wenn Kellerwände nachträglich trockengelegt werden müssen), sollte die Außendämmung unbedingt in diesem Zuge durchgeführt werden. Ist die Dämmung von außen nicht möglich, kommt nur die Innendämmung in Betracht. Die Kellerwände müssen dafür trocken sein und es darf keine aufsteigende Feuchtigkeit auftreten. In Kellerräumen mit hoher, durch Nutzung bedingter Luftfeuchtigkeit (z. B. Bad, WC, Wäschetrockenraum usw.) ist bei einer Innendämmung für ausreichende Lüftung zu sorgen.

Die Lüftung Ihrer Kellerräume:
Im Keller von Altbauten gibt es oft gar keine verschließbaren Fenster oder sie bleiben das ganze Jahr über einen Spalt oder gar vollkommen geöffnet. Dadurch kann Folgendes passieren:

Abb. 2.25 – Fußbodendämmung und im Detail der Wandanschluss.

Abb. 2.26 – Dämmplatten und teilweise eingebauter Trockenestrich 20 mm.

Im Frühjahr und im Sommer, wenn die Temperatur der Außenluft und damit auch die relative Luftfeuchtigkeit hoch ist, setzt sich die Feuchtigkeit der Außenluft an den Oberflächen der kühleren Kellerwände als Tauwas-

2.4 Gegen Fußkälte und Feuchtigkeit von unten

ser ab. Dadurch erhöht sich die Luftfeuchtigkeit im kühleren Keller (mit Hygrometer überprüfen). Lüften Sie deshalb vor allem schimmelgefährdete Kellerräume im Frühjahr und Sommer weniger und am besten nur in der Nacht. Im Winter sollten Sie möglichst wie in den Wohnräumen lüften.

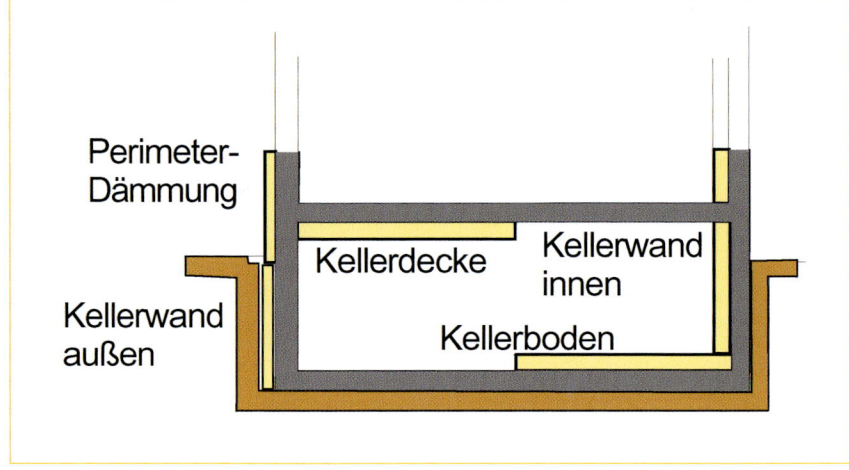

Abb. 2.27 – Die Möglichkeiten der Dämmmaßnahmen im Keller.

Checkliste Keller	Klärung	Anmerkung
1 Dämmung von unten oder von oben (Decke, Fußboden)?		
Dämmung von unten:		
2 Sind die Kellerwände feucht und dadurch zusätzliche Lüftungseinrichtungen erforderlich?		
3 Sind Maßnahmen erforderlich, bevor Dämmmaterial aufgebracht werden kann (z. B. Vorbehandlung, Unterkonstruktion etc.)?		
4 Sollten Leitungen zusätzlich gedämmt (Frostschutz) oder verlegt werden?		
5 Wie ist die Raumhöhe? Bei geringen Höhen dünnere Dämmstoffschicht mit besseren Dämmwerten (Wärmeleitgruppe) verwenden.		
6 Sind Kellerwände und Decken zu beheizten Räumen gedämmt?		
7 Bei beheizten Kellern: Sind Kellerfußboden und Trennwände zu nicht beheizten Räumen gedämmt?		
Dämmung von oben:		
8 Möglicher Dämmschichtaufbau im Fußbodenbereich (Raumhöhe, siehe auch Nr. 5)?		
9 Anschlüsse von Türen, Heizkörpern, Treppenstufen und sonstiger Einbauten.		

2.5 Was bringen gute Fenster und Türen?

In den meisten Wohngebäuden sind die Fenster die Bauteile mit dem geringsten Wärmeschutz. Viele ältere Gebäude sind auch heute noch mit Einfachverglasung ausgestattet. Erst ab ca. 1970 war es üblich, die Fenster mit Isolierverglasung (Zweifachverglasung) auszustatten. Diese verringerten die Wärmeverluste auch durch eine höhere Dichtheit gegenüber der Einfachverglasung um mehr als 50 Prozent. Die seit den 90er-Jahren gängige Wärmeschutzverglasung reduziert die Energieverluste noch einmal um weitere 50 %.

Optimierte Fenster sparen nicht nur Heizungsenergie, durch die besseren U-Werte haben sie auch einen wesentlichen Einfluss auf die Behaglichkeit in Ihrer Wohnung. Dies kommt daher, dass die Oberflächentemperatur der Scheiben höher ist. Liegt die Oberflächentemperatur der Fenster weit unter der Raumtemperatur, „fällt" die kühle Luft hinter dem Fenster nach unten (schwerer als warme Luft) und es entsteht ein unangenehmer kühler Luftzug in Fensternähe.

Besteht die Absicht, die Fenster auszutauschen und die Außenwände werden nicht gedämmt, sollten Sie auf eine ausreichende Lüftung achten. Durch die sehr viel dichteren neuen Fenster kann ansonsten die Gefahr von Schimmelbildung bestehen. Aus diesem Grund werden neue Fenster zum Teil mit Lüftungseinrichtungen (Zwangslüftung) angeboten, die aber die verbesserte Dichtigkeit wieder aufheben. Damit könnte diese Ausstattung kontraproduktiv sein.

2.5.1 Anzahl und Art der Fensterscheiben ermitteln

Bei einer Fensterlieferung und beim Neubau ist es interessant, ob die bestellte Verglasung auch eingebaut wurde. Beim Hauskauf oder bei der Sanierung ist es wichtig zu wissen, welche Verglasung in den Fenstern eingebaut ist. Dazu können Sie nachfolgend Hinweise finden.

Schauen Sie schräg von vorne in den Fensterinnenrahmen, können Sie anhand der Abstandshalter die Scheibenzahl des Fensters erkennen. Außerdem ist das Herstellungsdatum des Fensters eingeprägt. Bei einer Dreifach-Scheibenverglasung ist der Abstandshalter in der Mitte nochmals geteilt. Eine weitere Möglichkeit, die Bestückung zu ermitteln, ist die Reflexionsmethode. Dazu können Sie z. B. ein Feuerzeug oder eine (LED-)Taschenlampe vor das Fenster halten. Anhand der Anzahl der Reflexionen können Sie erkennen, ob Sie eine Einfach-, Zweifach- oder Dreifachverglasung vor sich haben. Achtung: Die Scheibe kann zusätzlich ein nahe beisammenstehendes Reflexionspaar bewirken. Bei der Zweifachverglasung können Sie also vier Reflexionen sehen, von denen jeweils zwei näher zusammenstehen.

Eine Möglichkeit, zu erkennen, ob das Fenster mit einer Wärmeschutzverglasung ausgestattet ist, besteht ebenfalls mit der Reflexionsmethode. Wärmeschutzverglasungen besitzen eine Beschichtung (Metallbedampfung), die Sie selbst ermitteln können. Halten Sie eine weiße Lichtquelle oder ein Feuerzeug vor das

> Beachten Sie beim U-Wert eines Fensters oder einer Haustür, dass er sich nicht allein aus der Verglasung errechnet. Der Rahmen spielt insbesondere bei kleinen Fenstern wärmetechnisch eine große Rolle.

> **Achtung**
> Bei neuen Fenstern in Verbindung mit Befeuerung durch Einzelöfen (z. B. Kaminofen) kann die Gefahr bestehen, dass zu wenig Zuluft (Verbrennungsluft) in das Gebäude kommt.

2.5 Was bringen gute Fenster und Türen?

Fenster. Bei einer Wärmeschutzverglasung (zwei Scheiben) sehen Sie drei Reflexionen in der gleichen Farbe wie die Lichtquelle und eine Reflexion (die zweite von innen gesehen) ist eine Nuance anders (oft etwas „weißer" oder heller, je nach Lichtquelle).

Den U-Wert eines Fensters (ab ca. 1990) können Sie nachvollziehen, indem Sie auf die Abstandsleiste innerhalb der Fensterkonstruktion schauen. Dort steht der U-Wert (bzw. K-Wert) eingeprägt bzw. aufgedruckt.

U-Werte zur Verglasung:		
Verglasungsart	W/m²K	Glasoberfläche bei -5 °C
Einfachverglasung	5,0	1 °C
Zweischeiben-Isolierverglasung	3,0	10,5 °C
Zweischeiben-Wärmeschutzverglasung	1,1	16,6 °C
Dreischeiben-Wärmeschutzverglasung	0,9	19 °C

Bei einer Raumtemperatur von 20 °C steigt die Oberflächentemperatur der Glasscheibe auf der Raumseite entsprechend der Verglasungsart deutlich an.

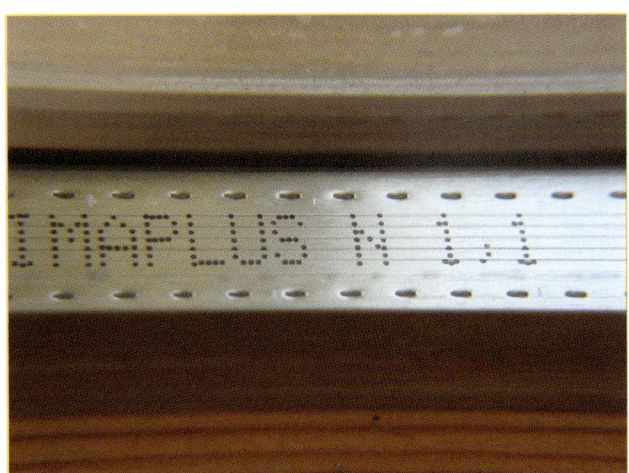

Abb. 2.29 – U-Wert bzw. K-Wert innerhalb der Glaskonstruktion aufgedruckt bzw. eingeprägt.

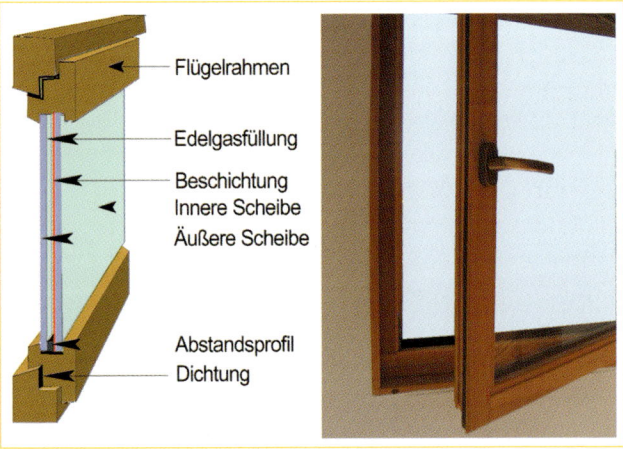

Abb. 2.28 – Die Komponenten und der Aufbau eines Fensters.

2.5 Was bringen gute Fenster und Türen?

> **Wichtig**
>
> Werden die Fenster erneuert, sollten Sie unbedingt prüfen, ob gleichzeitig eine zusätzliche Wärmedämmung der Außenwand sinnvoll ist. Wenn das neue Fenster einen besseren U-Wert als die Außenwand hat, können Feuchtigkeitsprobleme entstehen. Somit bestünde Schimmelgefahr in den Räumen.

2.5.2 Die alten Fenster komplett raus?

Die kompletten Fenster auszutauschen macht nicht immer Sinn. Abgesehen von den Kosten sind auch optische und gestalterische Aspekte von Belang. Die im Stil des Hauses vorhandenen Fenster haben, sofern sie nicht bereits ausgetauscht worden sind, meist eine zum Haus passende Maßstäblichkeit und Schönheit. Natürlich sind zuerst die technischen Voraussetzungen zu prüfen, d. h., ob die vorhandenen Rahmen und die Beschläge für einen Verglasungsaustausch überhaupt geeignet sind. Sind die vorhandenen Fensterrahmen noch in einem guten und energetisch akzeptablen Zustand, kann der Austausch der Verglasung eine sinnvolle und kostengünstige Alternative im Vergleich zum aufwendigeren Komplettaustausch der Fenster sein. Die geschätzte Lebensdauer der Rahmen sollte jedoch wenigstens 10 Jahre betragen.

Technische Vorraussetzungen:
Die Rahmenstärke sollte den Einbau der meist dickeren Wärmeschutzverglasung erlauben oder durch eine zusätzliche Erweiterung (mit Holz oder Metallprofilen) möglich machen. Natürlich sollte die Stabilität bezüglich der Rahmen und der Beschläge für die Verglasung ausreichend sein. Gegebenenfalls sind die Dichtungen der vorhandenen Rahmen auszutauschen. Die bei Baumärkten erhältlichen einzuklebenden Dichtungen sind als Dauerlösung nicht zu empfehlen. Meist verlieren sie innerhalb kürzester Zeit ihre Elastizität und dichten dann nicht mehr gut ab.

> Wird die Außenwand gedämmt, sind im Zuge des Fensteraustauschs auch die Simse auszutauschen. Die Außensimse müssen über die zusätzliche Außendämmschicht ragen.

Damit sich der Austausch der Verglasung energetisch lohnt, ist es gut, auf den U-Wert zu achten. Nach der Energie-Einsparverordnung (EnEV) darf dieser lediglich 1,5 W/m²K nicht überschreiten. Da aber die Entwicklung zu wärmetechnisch effizienteren Fenstern und Verglasungen weitergeht, werden Standardverglasungen aus energetischer Sicht ständig besser. Übliche Verglasungen sind inzwischen mit Werten von mindestens 1,1 W/m²K ausgestattet. Dreifachverglasungen werden derzeit mit U-Werten von 0,8 W/m²K angeboten. Ein weiterer bei Fensterverglasungen angegebener Wert ist der *g-Wert*. Dieser drückt aus, welcher Anteil der solaren Strahlung – der auf die Fensterscheibe trifft – als Wärmestrahlung ins Hausinnere gelangt. Je höher der g-Wert, desto mehr Wärmestrahlung kommt herein. Der U-Wert hat aber Priorität. Deshalb sollten Sie zuerst auf einen möglichst guten U-Wert achten.

2.5.3 Fenstertausch, die neuen Fenster

Neben den geringeren Energieverlusten weisen die neuen Fenster auch Einstrahlungsgewinne auf. So sind

> Werden Fenster erneuert, schreibt die Energieeinsparverordnung einen U-Wert von 1,5 W/m2K vor. Dieser Wert gilt aber nicht nur für das Glas, sondern für das gesamte Fenster (Glas und Rahmen).

2.5 Was bringen gute Fenster und Türen?

nach Süden orientierte, wärmeschutzverglaste Fenster in der Lage, während der Heizperiode etwa genau so viel Sonnenenergie „einzufangen", wie sie an Energie nach außen verlieren.

Steht Ihr Entschluss fest, neue Fenster einzubauen oder einbauen zu lassen, gibt es verschiedene Alternativen (Holz-, Kunststoff- und Alufenster) sowie Kombinationen dieser Alternativen. Die Wahl wird durch Anspruch und Preis beeinflusst und nach Abwägung aller Parameter getroffen. Holzfensterrahmen haben in der Regel die besten Wärmedämmeigenschaften. Wenn Sie gleichzeitig mit dem Fensteraustausch auch eine Wärmedämmung der Außenwände aufbringen lassen, ist es sinnvoll, dass der Fensterrahmen in die Außendämmung eingelassen wird, um Wärmebrücken zu vermeiden.

Die Fugen zwischen Fensterrahmen und Mauerwerk/Außendämmung sollten sorgfältig mit geeignetem Silikon abgedichtet werden.

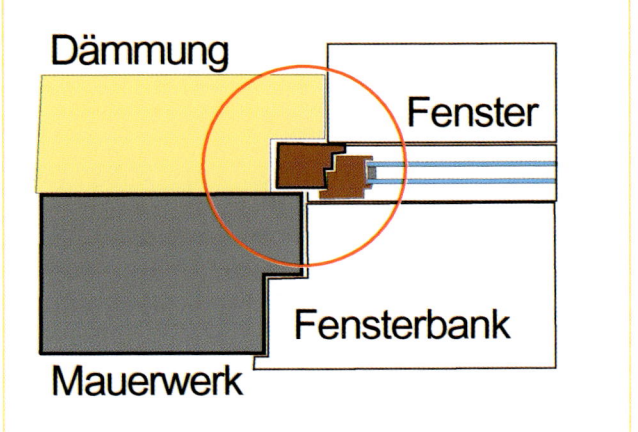

Abb. 2.30 – Horizontalschnitt: optimaler Anschluss des Fensterrahmens an die Außenwanddämmung.

Wärmeschutzverglasung und Isolierverglasung

Optisch sind beide kaum zu unterscheiden. Sie bestehen jeweils aus mindestens zwei Scheiben mit ähnlichem Gewicht und Abmessungen.

Das wirkungsvollere Wärmeschutzglas zeichnet sich durch eine Edelgasfüllung im Scheibenzwischenraum aus. Die äußere Seite der inneren Scheibe ist mit einer metallischen Schicht bedampft und kann so die Wärme reflektieren. Heute übliche Wärmeschutzverglasungen erreichen einen U-Wert von mindestens 1,3 bis 0,8 W/m²K. Dadurch, dass die innere Scheibe wärmer ist, sind die Behaglichkeit und der Komfort im Raum deutlich höher.

2.5.4 Fensterrahmen

Bei den Rahmen gibt es große Unterschiede: Kunststoffrahmen (auch *Mehrkammerrahmen*) sind thermisch oft schlechter als Holz oder Holz/Alu-Rahmen. Für Passivhäuser sind auch Rahmen aus PU-Schaum erhältlich. Es gibt auch sehr gute Rahmen mit Korkeinlage. Meist bestimmt die Qualität den Preis (optimierte Profilformen und Material).

2.5.5 Schwachstelle Rollladenkästen

Rollladenkästen sind oft eine Schwachstelle in der Dämmung der Außenwand des Hauses, da sie meist weder (ausreichend) wärmegedämmt noch dicht sind

Tipp

Beim Fensterrahmen ist ein tiefer Glaseinstand wichtig, da der Glasrandverbund eine thermische Schwachstelle ist.

2.5 Was bringen gute Fenster und Türen?

(Wärmebrücke). Durch den nachträglichen Einbau von Dämmplatten im Rollladenkasten und Dichtlippen am Rollladenauslass bei alten und undichten Rollladenkästen können Energieverluste wesentlich reduziert werden. Es ist also sinnvoll, die Rollladenkästen grundsätzlich und nicht nur bei einer Erneuerung der Fenster zu überprüfen.

Die nachträgliche Dämmung der Rollladenkästen ist sinnvoll und in der Regel auch gut in Eigenleistung möglich. Denken Sie daran, je nach Lage der Außenwanddämmung auch die Ober- und Unterseite des Kastens zu dämmen (Abb. 2.31). Die Dämmung sollte, wenn möglich, 4 bis 6 cm dick sein (Material z. B. Styropor). Die Fugen im Bereich des abnehmbaren Deckels können mit Silikon oder, noch besser, mit Fensterdichtgummis abgedichtet werden.

Die Rollläden selbst tragen nur wenig zur Energieeinsparung bei (nicht völlig dicht, nur sehr geringe Dämmstoffstärken möglich, nur nachts wirksam). Als Sonnen- oder Einbruchsschutz oder aus optischen Gründen können Rollläden dennoch sinnvoll sein.

2.5.6 Thermorollläden und Rollos

Thermorollläden haben eine spezielle Wärme reflektierende Beschichtung und eine Dämmung innerhalb der Rollladenlamellen, wodurch die durch das Fenster kommende Raumwärme gestoppt bzw. reflektiert wird. Rechtzeitiges Schließen der Rollläden am Abend spart Heizenergie – vor allem bei älteren Fenstern mit schlechten U-Werten.

> **Tipp**
>
> Die zusätzliche Dämmung und Abdichtung der Rollladenkästen können Sie z. B. bei einem fälligen Austausch der Rollladengurte erledigen.

> **Tipp**
>
> Wenn bei einer Sanierung eine Verbesserung der Dämmung erzielt werden soll, ist das Kosten-Nutzen-Verhältnis bei einem Fenster- oder Verglasungstausch mit guten U-Werten sinnvoller als der Einbau neuer Rollläden.

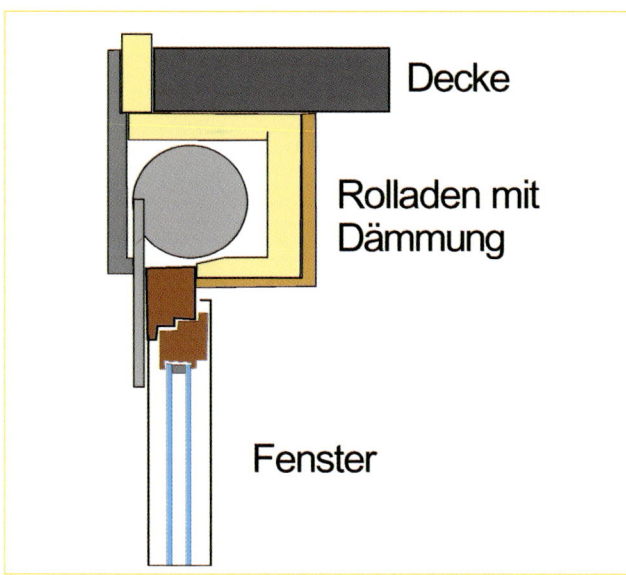

Abb. 2.31 – Vertikalschnitt und Prinzip: richtiges Dämmen des Rollladenkastens.

2.5.7 Haustür

Die Haustür ist die Hauptöffnung des Hauses und hat ebenfalls eine wichtige Energie-Einsparfunktion. Wird die Haustür im Zuge der Sanierung erneuert, ist auf eine gut gedämmte Ausführung zu achten. Hier sollten Sie vor allem auf die Luftdichtigkeit (Dichtungen), aber auch auf die Wärmedämmung achten. Der U-Wert der Haustür sollte unter 1,5 W/m²K liegen. Bei in der Haus-

2.5 Was bringen gute Fenster und Türen?

tür befindlichen Glasausschnitten sollte unbedingt Wärmeschutzglas verwendet werden. Gleiches gilt natürlich auch für Nebentüren wie Terrassen- und Kellerzugangstüren. Da der Austausch der Haustür ein hoher finanzieller Aufwand ist, ist es sinnvoll, zuerst einmal nach der Luftdichtigkeit (Dichtungen) der vorhandenen Tür und nach den eventuell eingebauten Glaseinsätzen zu schauen.

	Checkliste Fenster und Haustür	Klärung	Anmerkung
1	Alter der Fenster, Zustand der Fensterrahmen, Zustand der Beschläge?		
2	Ist der Austausch nur der Verglasung sinnvoll und möglich?		
3	Welcher Standard ist gewünscht: 2-fach oder 3-fach Verglasung?		
4	Luftdichtigkeit zwischen Fensterrahmen und Wänden?		
5	Dämmung der Laibung möglich?		
6	Wenn Fenster ausgetauscht und eine Wanddämmung hergestellt werden, besser Fenster außenbündig mit Wandebene montieren.		
7	Kann Luftdichtigkeit erreicht werden (Planung)?		
8	Sind die Rollladenkästen gedämmt und dicht?		
9	Ist die Haustür luftdicht?		
10	Kann die Verglasung der Haustür ausgetauscht werden (Wärmeschutzglas)?		
11	Ist ein Sonnenschutz oder ein zusätzlicher thermischer Schutz erforderlich (z. B. Dachfenster)?		
12	Ist ein zusätzlich Schallschutz erforderlich (z. B. Straßenlärm)?		

2.6 Dämmung und Heizungsanlage

Bei der Modernisierung der Heizungsanlage ist zwar die Installation einer modernen Einheit aus neuem Brenner und neuem Kessel (Unit) die technisch optimale Lösung, doch wenn der Austausch der kompletten Anlage Ihre finanziellen Möglichkeiten überschreitet oder Sie keinen Sinn darin sehen, gibt es auch andere sinnvolle Möglichkeiten, zunächst einzelne Komponenten der Heizungsanlage auszutauschen und zu verbessern.

Vorab helfen eventuell jedoch eine Reihe einfacher und preiswerter Maßnahmen, die Heizkosten zu reduzieren (sofern Sie diese bisher noch nicht berücksichtigt haben):

2.6.1 Einfache Maßnahmen

- **Regelmäßige Wartung** senkt die Heizkosten. Mindestens 1x jährlich sollte Ihre Heizung gewartet werden. Entweder haben Sie einen Wartungsvertrag oder führen die Wartung selbst durch (Reinigung des Brennraumes bei Ölheizung im Heizkessel. Die Rußschicht kann die Verbrauchskosten wesentlich erhöhen). Einspritzdüse auswechseln.
- **Rohrdämmung**. Gedämmte Heizungsrohre, Warmwasserleitungen und Armaturen an Wänden und Decken in Kellerräumen können erheblich Energie sparen. Die Dämmung selbst ist auch vom weniger versierten Heimwerker einfach anzubringen. Dazu gibt es im Baumarkt vorkonfektionierte Dämmschalen aus Mineralwolle oder Dämmschaum zur Dämmung von Wasserrohren und -leitungen. Sie werden mit einem scharfen Messer auf die richtige Länge zugeschnitten, um Rohre und Leitungen gelegt und mit den Klebeflächen dicht und fest geschlossen. Dämmschalen werden für unterschiedliche Leitungsdicken in verschiedenen Stärken angeboten.

Abb. 2.32 – Rohrdämmung im Heizungsraum.

> **Faustregel**
>
> Die Dämmdicke sollte dem Innendurchmesser des zu dämmenden Rohres entsprechen.

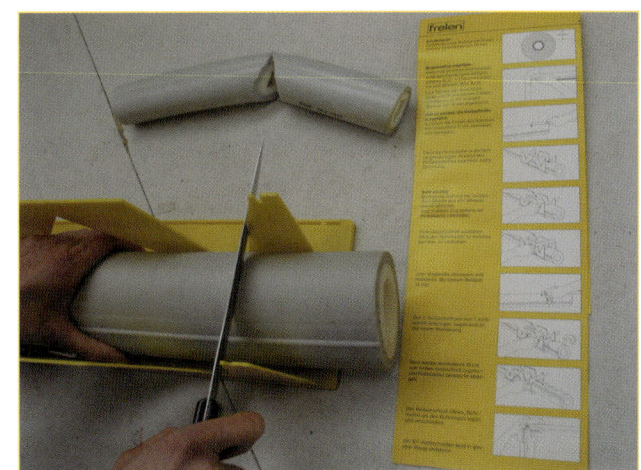

Abb. 2.33 – Schneideschablone (Gehrungslade) für problemloses Herrichten von Bögen bei der Rohrdämmung.

2.6 Dämmung und Heizungsanlage

- **Nachrüsten von Thermostatventilen.** Durch die Ausstattung der Heizkörper mit Thermostatventilen können bis zu 10 Prozent Energie eingespart werden. Heizkörper sollten die Wärme frei abgeben können. Sind sie verdeckt, z. B. durch zu lange Vorhänge, wird Heizungsenergie verschwendet.

2.6.2 Heizungsoptimierung durch spezielle Maßnahmen:

- Verstärkung der Kessel- und Boilerdämmung, Kesselisolierung mit zusätzlich 40-mm-PUR-Platten WLG 0,25.
- Abdichtung des Brennraums zur Stabilisierung der Verbrennung.
- Anpassung der Brennerleistung durch Einbau einer kleineren Düse mit höherem Druck. Braucht möglicherweise einen speziellen Filter.
- Einbau z. B. einer gebrauchten außentemperaturgeführten Regelung mit Totalabschaltung, optimiertem Einschalten, Stütztemperatur, selbstoptimierender Vorlaufregelung.
- Einbau eines Zugreglers, Einbau einer Abgas-Absperrklappe.
- Kontrolliertes Boilerladen (optimales Einschichten des Wärmeträgers, siehe auch Schichtenspeicher).
- Brenneraustausch. So bietet z. B. der Brennertausch mit einem effizienten Blaubrenner eine kostengünstige Alternative. Der Blaubrenner eignet sich gut für die Teilmodernisierung bestehender Anlagen und kann bei einem späteren Kesseltausch weiterverwendet werden.

2.6.3 Verbesserung der Peripherie:

- Heizungspumpe austauschen. Einer der großen Stromverbraucher im Privathaushalt ist die Heizungsumwälzpumpe. Hier können enorme Stromkosten entstehen, dazu kommen unangenehme Fließgeräusche.
- Mit einem großen Pufferspeicher (z. B. 1.000 Liter) können folgendermaßen Einsparungen erreicht werden: Der Brenner Ihrer Heizung startet während der Heizperiode mehrere 100 Mal am Tag (taktet). Dies kommt daher, dass die Heizkörper ständig Wärme aus dem Heizkessel abziehen und der Heizkessel diesen Wärmeverlust durch erneutes Starten des Brenners wieder ausgleicht. Wie bei einem Auto im Stadtverkehr hat der Brenner im ständigen Start/Stopp-Betrieb den schlechtesten Wirkungsgrad (und den höchsten Schadstoffausstoß). Durch den Einbau eines größeren Pufferspeichers gibt es weniger Starts und Stopps, die Heizung wird geschont, die Umwelt entlastet und die Heizkosten werden gesenkt. Aus der Kurzstreckenheizung wird

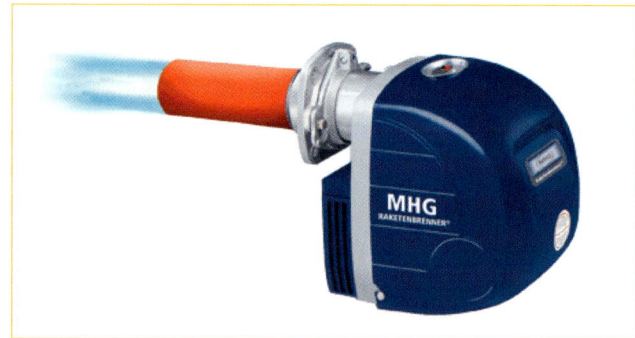

Abb. 2.34 – Blaubrenner (Quelle: *www.baulinks.de*).

2.6 Dämmung und Heizungsanlage

eine Langstreckenheizung (Vergleich zum Auto: Kurzstreckenverkehr und Langstreckenverkehr).
- Kombinationen der Heizung mit einer heizungsunterstützenden Solaranlage. Dadurch kann der Einsatz des konventionellen Heizkessels deutlich reduziert werden. Dies spart Heizkosten, Schadstoffe und die vorzeitige Abnutzung des Heizkessels/Brenners. Je nach Ausstattung: Vollständige Heizungsversorgung des Hauses durch die Solaranlage von Frühjahr bis Herbst.
- Zusatzheizungen mit Scheitholz, Holzschnitzel, Pellets.

2.6.4 Schornstein

Bei einer Heizungssanierung muss der Schornstein an die neuen Bedingungen angepasst werden, um den optimalen Wirkungsgrad zu erreichen und Schornsteinschäden zu verhindern.

- Einbau einer automatischen Nebenluftvorrichtung. Diese sorgt für Luftbeimischung zum Abgas und reduziert die Kondensatgefahr im Schornstein.
- Durchlüftung des Schornsteins, auch wenn der Brenner nicht läuft. Dadurch erfolgt ein besseres Abtrocknen des Schornsteins (innen).
- Wärmedämmung des Schornsteins im Bereich des kühlen Dachgeschosses.
- Verringerung des Schornsteinquerschnittes.
- Schornsteinsysteme z. B. aus Edelstahl (zweischalig) oder Keramikeinsätze in den vorhandenen Schornstein einbringen.
- Luft-Abgassysteme einbauen. Diese haben den Vorteil, das Abgas abzuführen und zugleich für Frischluftzufuhr für den Brenner zu sorgen. Die Frischluft wird bei einigen Systemen durch das Abgas vorgewärmt.

Bei weiterem Interesse eine kostengünstige Sanierung der Heizungsanlage betreffend finden Sie im Franzis-Verlag weitere Fachliteratur.

Abb. 2.35 – Pufferspeicher während der Installation.

2.6 Dämmung und Heizungsanlage

Checkliste Heizung	Klärung	Anmerkung
1 Alter und Zustand der Heizung		
2 Abgaswerte, Abgastemperatur, Abgaswert, CO^2-Gehalt, Wirkungsgrad		
3 Ist eine Erneuerung gesetzlich vorgeschrieben?		
4 Soll von Einzelraumheizung auf Zentralheizung umgestellt werden?		
5 Sind Rohre für Heizung und Warmwasser gedämmt?		
6 Sind die Heizungspumpen energieeffizient?		
7 Ist die Heizungsregelung optimal?		
8 Gibt es Möglichkeiten für Nah- oder Fernwärmeanschluss?		
9 Sind Vorbereitungen zur Nutzung einer Solaranlage oder anderer regenerativer Techniken sinnvoll?		
10 Kann die Heizungssanierung sinnvoll mit einer Solaranlage kombiniert werden?		
11 Gibt es die Möglichkeit, einzelne Komponenten der Heizungsanlage zu verbessern oder auszutauschen?		
12 Soll Brennwerttechnik genutzt werden?		
13 Bei Brennwerttechnik: Kaminsanierung erforderlich?		
14 Ist eine Umstellung auf einen anderen Brennstoff sinnvoll (z. B. Scheitholz oder Pellets)?		
15 Ist die Umstellung auf eine Wärmepumpe sinnvoll?		
16 Ist eine Schornsteinsanierung erforderlich?		

3 Dämmtechnik und Tricks im Detail

3.1 Schichtdicken bei Dämmungen

Grundsätzlich sollte so dick wie möglich gedämmt werden. Unter einer bestimmten Schichtdicke (z. B. Außendämmung 12 cm) hat es wenig Sinn. Ab 40 cm Schichtdicke aufwärts bringt die Dämmung nicht entscheidend viel mehr Einsparung. Oft besteht das Problem darin, dass die baulichen Voraussetzungen nur eine bestimmte Dämmstärke zulassen, z. B. im Bereich des Kellers (Deckendämmung) oder bei einer Fußbodendämmung gegen den Baugrund. Dann sollten Sie darauf achten, ein Dämmmaterial aus einer möglichst guten Wärmeleitgruppe zu verwenden (hohe Dämmwirkung).

Beispiel

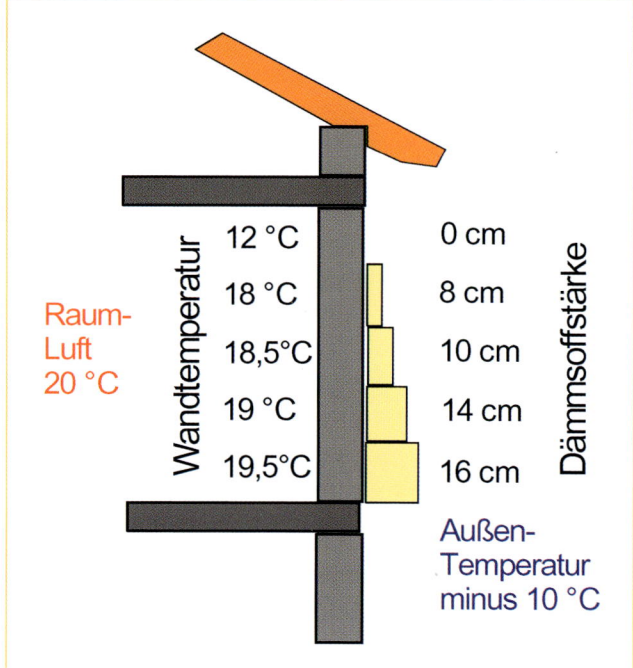

Abb. 3.1 – Die Oberflächentemperatur der Außenwand in Abhängigkeit von der Dicke der Dämmschicht. Mit zunehmender Dämmstoffdicke steigt auch die Behaglichkeit im Raum.

3.2 Außendämmung/Innendämmung

Die Außendämmung wird außerhalb der Gebäudehülle angebracht, die Innendämmung innerhalb der Gebäudehülle. Wenn es von den Voraussetzungen her möglich ist, ist die erste Wahl die Außendämmung, wie weiter oben beschrieben wurde. Die Ausnahme ist das Dach. Dort ist die Innendämmung, d. h., die Dämmung unterhalb der Dichtungsebene und Gebäudehülle (z. B. Ziegel) die Regel. Die Ausnahme ist hier die Außendämmung (beim Flachdach) in Form der Umkehrdämmung.

3.2.1 Außendämmung
Bei den Außenwänden ist die Dämmung im kalten Bereich der Wand gut angebracht. Doch es gibt einige Gründe, warum eine Außendämmung nicht möglich ist (z. B. im Denkmalschutz, bei Grenzbebauungen oder bei Gebäuden mit einer historischen Außenfassade). Dazu gehören auch Fachwerkhäuser, bei denen eine Außendämmung die Fachwerkansicht von außen verschwinden lassen würde.

3.2.2 Innendämmung von Außenwänden
Die Innendämmung der Außenwände erscheint dem Heimwerker zwar als eine günstige Variante, da sie bei jedem Wetter, zu jeder Jahreszeit und ohne Gerüst durchgeführt werden kann, doch das Risiko, einen dauerhaften Bauschaden durch eine möglicherweise fehlerhafte Innendämmung herzustellen, ist groß.

Die Innendämmung der Wände sollte nur dann gewählt werden, wenn wichtige Gründe gegen eine Außendämmung sprechen, denn durch die zusätzliche

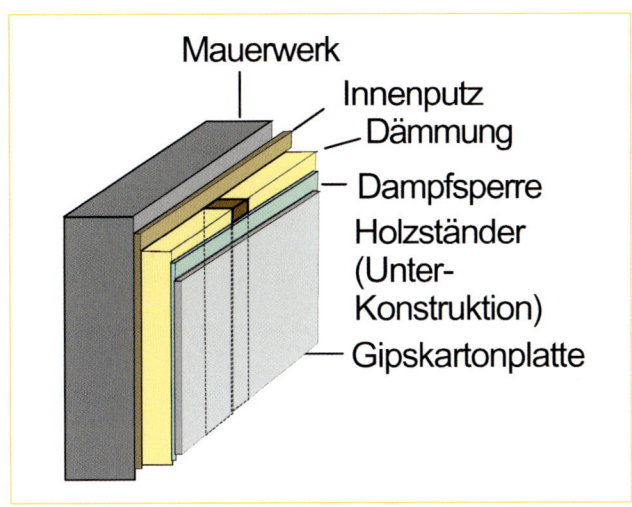

Abb. 3.2 – Prinzipdarstellung und Aufbau der nachträglichen Innenwanddämmung.

Dämmung an den Innenseiten der Außenwände werden möglicherweise Wärmebrücken geschaffen. Hier entsteht zur kalten Jahreszeit ein extremer Temperaturunterschied zwischen der Temperatur im Raum und der Außenwand. Zudem wird die Außenwand im Winter aus der Wohnung nicht mehr erwärmt und trocknet somit schlechter aus (Algenbildung).

Die Feuchtigkeit des Innenraumes kann im Bereich der Innendämmung kondensieren, wenn keine Dampfbremse besteht (Taupunktproblematik). Außerdem wird der nutzbare Innenraum durch die Innendämmung kleiner.

> Innendämmungen sollten in jedem Fall unter Beteiligung (zumindest Beratung) von Fachleuten ausgeführt werden.

> Nicht alle Fachwerkwände waren beim Bau als sichtbares Fachwerk vorgesehen. Daher sollten Sie prüfen, ob ein sichtbares Fachwerk bei Ihrem Gebäude bautechnisch sinnvoll und richtig ist.

3.2 Außendämmung/Innendämmung

> **Wärmebrücken**
>
> Dämmen Sie bei der Innendämmung mit großer Sorgfalt auch an schwer zugänglichen Stellen, selbst wenn es etwas länger dauern sollte. Sogar kleine Lücken können später als Wärmebrücken große Probleme bereiten.

Wichtige Gründe können eine Innendämmung trotzdem rechtfertigen, so z. B. bei Gebäuden mit erhaltenswertem Sichtmauerwerk, Fachwerk oder denkmalgeschützten Fassaden. Hier ist die Innendämmung oft die einzige Möglichkeit, um den Wärmeschutz der Außenwände zu verbessern.

Ist die Innenraumdämmung beschlossene Sache, sollten Sie folgende Punkte beachten:

Abb. 3.3 – Giebelwand eines Fachwerkhauses von innen, vor der Dämmung.

- Dämmen Sie Heizkörpernischen unbedingt mit Wärme reflektierenden Materialien wie z. B. aluminiumkaschierten Matten oder Hartschaumplatten. Der Luftaustausch hinter dem Heizkörper und zwischen Dämmung und Heizkörper muss jedoch weiterhin möglich sein.
- Denken Sie über eine Kombination aus Dämmung und Wandheizung nach. Die Wandheizung verhindert, dass Wasser auf der Innenwand kondensiert. Das Raumklima wird dadurch deutlich angenehmer.
- Sehen Sie unbedingt eine luftdichte Dampfsperre auf der Innenseite der Dämmung vor (zwischen Dämmung und raumseitiger Verkleidung) – entweder als Sperrfolie oder mit einer an den Stößen dampfdicht verklebten Spannplatte (wie z. B. OSB-Platte).
- Vermeiden Sie Wärmebrücken in den Anschlussbereichen, z. B. bei Übergängen an Decken und Bodenbereich. Wenn möglich, zur Decke hin mit einem Dämmkeil arbeiten.

Unabhängig davon, ob Sie die Dämmarbeiten selbst oder durch einen Handwerker ausführen lassen: Wichtig ist eine korrekte Durchführung der Dämmarbeiten vor allem in den Anschlussbereichen.

3.2 Außendämmung/Innendämmung

Abb. 3.4 – Innendämmung im Giebelbereich eines Fachwerkhauses mit Zellulosematten. Die Innendämmung mit Zellulose ist hier auch deshalb sinnvoll, weil der Anschluss zum Dach ausgeflockt werden soll. **a)** Rahmenschenkel, Dämmmatten, unten im Bild OSB-Platten als Dampfbremse. **b)** Rechte Giebelseite.
c) Mit OSB-Platten verkleidete Dämmung.

3.2 Außendämmung/Innendämmung

Abb. 3.5 – Die fertige Wandfläche gespachtelt, beim Feinschliff. a) Die Platten werden gespachtelt und abgeschliffen. b) Fertiger Innenraum des gedämmten Dachs.

Ausführungsbeispiel

Voraussetzung: Die zu dämmende vorhandene Wand soll von außen als sichtbares Fachwerk erhalten bleiben. Auf der Innenseite werden Rahmenschenkel in Dämmstärke, z. B. 80 mm, und im Abstand der Dämmplattenbreite auf die vorhandene Wand geschraubt. Der Bereich zwischen den Rahmenschenkeln wird mit Dämmmatten ausgefüllt. Zum Raum hin werden OSB Platten als Dampfbremse auf die Rahmenschenkel geschraubt. Die Stöße aus Nut und Feder werden dicht an dicht gefügt (dadurch muss eine Dampfbremse in Form einer Dampfbremsfolie nicht erforderlich sein). Auf diese OSB-Schicht können dann gleichwertige Verkleidungen wie z. B. Rigips oder Fermacellplatten aufgeschraubt und verspachtelt werden.

3.3 Dichtigkeit, Dampfbremse und Dampfsperre

Die Begriffe *Dampfbremse* und *Dampfsperre* werden oft in einen Topf geworfen oder gar verwechselt. Die richtige Verwendung der Materialien ist aber entscheidend für einen funktionierenden Wandaufbau und die optimale Dämmung. Die *Dampfbremse* lässt den Dampf kontrolliert durch, die *Dampfsperre* schottet den Dampf weitmöglichst ab.

In Wohnräumen ist immer eine gewisse Luftfeuchtigkeit (Wasserdampf) vorhanden. Diese Luftfeuchtigkeit kommt von unserem Atem und unseren Ausdünstungen, von den Zimmerpflanzen, von nassem Geschirr und Wäsche, die getrocknet wird, usw. Auch die feuchtwarme Luft aus dem Badezimmer könnte bei Undichtigkeiten möglicherweise durch kleinste Ritzen, z. B. in der Dachfensterverkleidung, in das dahinter liegende Dämmmaterial eindringen. Die Luftfeuchtigkeit würde sich ohne eine Dampfsperre als Wasser an den Innenseiten der Außenwand niederschlagen und Schäden wie Fäulnis oder Schimmelbildung zur Folge haben. Auch von außerhalb kann durch Regen und Wind Feuchtigkeit in die Dämmung gelangen.

Dazu kann an Wintertagen mit Minustemperaturen Kondenswasser in der Dämmung gefrieren. Wird es draußen dann wieder wärmer, schlägt sich das aufgetaute Wasser in der Dämmung oder der Wandkonstruktion nieder. Im Handel gibt es eine Vielzahl winddichter Materialien, die eine Dämmung – zur Raumseite hin – vor Luftzug und Feuchtigkeit schützen sollen. Die Palette reicht von Dampfsperrfolien aus Alu und/oder Kunststoff bis zu Dampfbremsen auf Polyamid- oder Zellulosebasis. Auch Holzwerkstoffplatten (z. B. OSB) lassen sich als winddichte Ebene verarbeiten. Je nach Situation und Anwendungsfall ist aber auch eine kontrollierte Wasserdampfdurchlässigkeit sinnvoll. In manchen Fällen kann der Einsatz herkömmlicher Dampfsperren (PE-Folien) unerwünschte Nebenwirkungen mit sich bringen. Manchmal sind traditio-

Abb. 3.6 – Kontrollierte Dampfbremse am Beispiel einer Dachdämmung. Zum Innenraum hin wurde die Dampfbremsfolie eingebaut, unterhalb der Dachziegel befindet sich die Dampfbremse in Form von Weichfaserplatten.

nelle Wand- und Dachkonstruktionen mit dampfdichter Deckung bzw. Verkleidung wie z. B. Bitumenbahn oder Styropor darauf angewiesen, auch zur Raumseite hin austrocknen zu können. Wird dies durch Dampfsperren verhindert, können durch kleinste Ausführungsmängel wie undichte Wand-, Kabel-, oder Rohranschlüsse verheerende Feuchteschäden auftreten. Deshalb ist es sinnvoller, vermehrt dampfbremsende

3.3 Dichtigkeit, Dampfbremse und Dampfsperre

Materialien einzusetzen und in schwierigen Fällen auf Dampfbremsen mit variablem Diffusionswiderstand zurückzugreifen, um eine ausreichende Austrocknung zu gewährleisten.

Welche Art der Dampfsperrung notwendig wird, ist von Objekt zu Objekt unterschiedlich und von den eingesetzten Materialien sowie deren Konstruktion abhängig. Prinzipiell gilt: Wenn die Gefahr besteht, dass Feuchtigkeit eindringen kann, sollte eine Möglichkeit geschaffen werden, dass sie kontrolliert auch wieder austreten kann.

Neben Dampfbremsen und Dampfsperren aus beschichtetem Papier oder Kunststofffolien gibt es Materialien für besondere Übergänge, wie z. B. Klebebänder, Dichtstoffe, Klebmassen, um die Folien und Platten untereinander und mit anderen Materialien wie Holz oder Stein luftdicht zusammenzufügen. Es gibt weiterhin Dicht- oder Kompribänder aus aufquellenden, dauerelastischen Materialien, z. B. für den Fenstereinbau, und Gummimanschetten, um Rohre und Kabel durch die Dampfbremsschicht luftdicht durchführen zu können.

Abb. 3.7 – Kartuschen zur dauerelastischen Abdichtung.

> **Tipp**
>
> Schauen Sie sich die Abdichtung nach der Fertigstellung genau an, vor allem auch an komplizierten Stellen. Ein Luftzug lässt sich mit einem Feuerzeug oder einer Kerze (Vorsicht, Brandgefahr!) oder mit der feuchten Hand aufspüren, am besten, wenn es windig ist.

> **Tipp**
>
> Befreien Sie alle zu klebenden Flächen gründlich von Staub. Saugen Sie sie ab und wischen Sie sie feucht, dann lassen Sie sie trocknen. An komplizierten Ecken verkleben Sie die Folien nicht nur, sondern befestigen sie auch mechanisch, zum Bespiel mit einer getackerten Anpresslatte.

3.3 Dichtigkeit, Dampfbremse und Dampfsperre

3.3.1 Die Dampfbremse

Anwendung
Die Dampfbremse wird (z. B.) als Folie bei gedämmten Außenwandkonstruktionen, im Holzskelettbau und bei gedämmten, hinterlüfteten Dachkonstruktionen aus Holz verwendet. Der eventuell in der Konstruktion befindliche Wasserdampf kann damit kontrolliert austreten. Die Feuchtigkeit von außen (durch Undichtigkeiten) wird vom Eindringen abgehalten (einseitig durchlässig).

Funktion
Die Dampfbremse soll eine atmungsaktive Wand- oder Dachkonstruktion gewährleisten. Überschüssige Feuchtigkeit in der Luft eines Raums und in der Wandkonstruktion soll kontrolliert durch die Dampfbahn diffundieren können, um Probleme wie Feuchtigkeitsschäden (Schimmelbildung, Bildung von Wasserflecken an der Raumseite der Konstruktion) im Bereich der in Wand oder Dachaufbau befindlichen Dämmschichten zu verhindern.

Damit die Dampfbremse optimal funktionieren kann, sollten Sie auf saubere, dauerhafte und dichte Verklebungen der Überlappungen sowie der Randanschlüsse achten. Bei der Verklebung von Dampfbremsen/Luftdichtungen müssen

> **Dampfbremse**
>
> *Dampfbremse* ist ein Sammelbegriff für Materialien, die durch ihren feinporigen Aufbau derart strukturiert sind, dass Wasserdampfmoleküle durch sie kontrolliert hindurchdringen (diffundieren) können. Oftmals werden Dampfbremsen auch als diffusionsoffene Sperrbahnen bezeichnet.
>
> **Dampfsperre**
>
> Eine *Dampfsperre* ist eine wasserdampfundurchlässige Schicht (Sperrschicht), die an der Innenseite einer raumseitigen Wärmedämmung angebracht wird um eine Durchfeuchtung der Dämmschicht durch Diffusion mit Wasserdampf zu verhindern. Als Material wird meist PVC-Folie verwendet.

Abb. 3.8 – Klebebänder zur Abdichtung für alle Anwendungsbereiche. Einfach und doppelseitig klebend.

3.3 Dichtigkeit, Dampfbremse und Dampfsperre

die Verklebungen der Stöße sauber, zugfrei und dauerhaft ausgeführt werden. Lose Überlappungen sind nicht zulässig (Ausnahme: Unterspannbahn). Durchdringungen sind abzudichten und die Luftdichtigkeitsschicht/Dampfbremse ist dicht an angrenzende Bauteile anzuschließen. Raumseitig ist der Luftdichtung/Dampfbremse eine Installationsebene (z. B. ein Lattenrost) zuzuordnen. Zwischen dieser Lattung können die Installationen wie Elektro-Leerrohre, Heizungsrohre, Wasserleitung etc. geführt werden. Dieser Lattenrost dient gleichzeitig als Unterkonstruktion für die innere (raumseitige) Verkleidung. Dampfbremsfolien können provisorisch mit dem Tacker oder mit Nägeln auf der vorhandenen Konstruktion angebracht werden. Beim Verlegen ist darauf zu achten, dass die Bahnen 10 cm überlappen und dass alle Fugen, Spalten und Anschlüsse sauber und dicht (ohne Zugspannung) verklebt werden.

Ein Sonderfall der Dampfbremse ist die Unterspannbahn: Eine Unterspannbahn ist eine diffusionsoffene Bahn, die bei Steildächern unterhalb der Wasser ableitenden Dachdeckung angeordnet eingebaut wird. Sie dient dazu, Flugschnee oder Regen, der vom Wind unter die Eindeckung (die Ziegel) geblasen wird, nach unten abzuleiten.

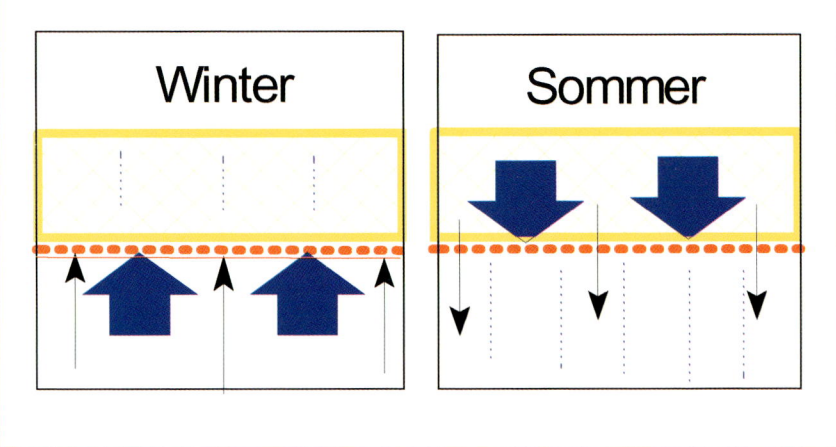

Abb. 3.9 – Prinzip einer Dampfbremse mit kontrollierter Diffusion. Eingedrungene Feuchtigkeit kann kontrolliert austreten.

Abb. 3.10 – Dampfbremse unter dem Dach, Vorbereitung zum Ausflocken.

3.3 Dichtigkeit, Dampfbremse und Dampfsperre

> **Diffusionsoffenheit**
>
> Bei einem diffusionsoffenen Wandaufbau trocknen feuchte Bauteile schneller aus. Wasserdampf kann nach außen entweichen.

Die Bahn sollte leicht durchhängen, um das anfallende Wasser von der Konterlattung weg- und nach unten abzuführen (wichtig: untere Ablaufmöglichkeit z. B. in die Dachrinne). Die Bahnen sollten jeweils die darunter liegende Bahn um 10-20 cm überlappen. Die Stöße werden nicht verklebt, um eine Ablüftung der Sparren bzw. der Wärmedämmung zu gewährleisten.

In Fällen, bei denen eine diffusionshemmende Außenhaut konstruktiv nicht hinterlüftet werden kann, muss auf der warmen Seite der Konstruktion eine absolute Dampfsperre eingebaut werden.

3.3.2 Die Dampfsperre

Anwendung
Die Dampfsperre wird zwischen Dämmstoff (Dach oder Wand) und Innenputz bzw. Innenverkleidung angebracht. Die Feuchtigkeit der Raumluft kann so nicht mehr das Dämmmaterial erreichen.

Funktion
Die Dampfsperre verhindert, dass sich hinter einer Innendämmung Tauwasser sammelt; bei einer Dämmung des Dachs erhöht sie gleichzeitig die Winddichtigkeit. Die Dampfsperre besteht üblicherweise aus Aluminium- oder Polyethylenfolien (PE); bei sogenannten Innendämmungs-Verbundplatten ist sie meist integriert.

Das Prinzip von kondensierter Luft
Warme Luft kann viel mehr Wasser aufnehmen als kalte. Beim Abkühlen kondensiert die feuchte Luft, z. B. wenn sie durch die winterlich kalte Dachdämmung entweicht. Ist die Feuchtigkeit erst einmal in die äußere Gebäudehülle eingedrungen, kann sie dort zu schweren Schäden an Putz und Dämmung führen. Das Problem ist, dass nasses Dämmmaterial schlechter oder gar nicht dämmt, Schimmelpilze die Bauteile befallen, Hölzer sich verziehen, verfaulen und für Schädlinge anfällig werden. Die Problemstellen werden erst nach Jahren entdeckt.

> In Häusern sind immer beachtliche Luft- und Feuchtigkeitsmassen in Bewegung. Sie können bei mangelhafter oder fehlender Dampfsperre in die Dämmschicht geraten und zu dauerhaften Schäden am Haus führen.

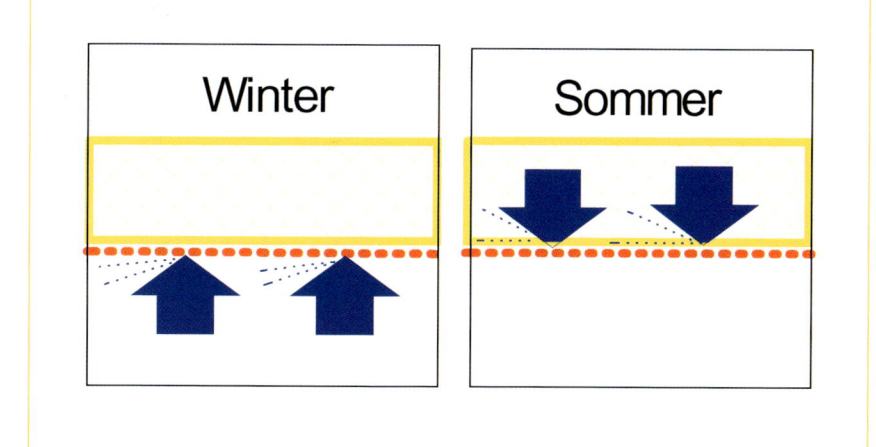

Abb. 3.11 – Prinzip Dampfsperre ohne Diffusion. Eingedrungene Feuchtigkeit bleibt in der Wand und in der Dämmung.

3.3 Dichtigkeit, Dampfbremse und Dampfsperre

Die Dampfsperre verhindert, dass sich hinter einer Innendämmung Tauwasser sammelt; bei einer Dachdämmung erhöht sie gleichzeitig die Winddichtigkeit. Die Dampfsperre wird zwischen Dämmstoff und Innenputz bzw. -verkleidung angebracht. Die Feuchtigkeit der Raumluft kann so nicht mehr das Dämmmaterial erreichen. Sie besteht üblicherweise aus Aluminium oder Polyethylen (PE); bei sogenannten Innendämmungs-Verbundplatten ist sie zum Teil integriert.

Innerhalb der Dampfsperre (raumseitig) können Sie eine Konstruktion aus Brettern befestigen, auf die wiederum Gipskartonplatten montiert werden können. Die Installationen wie elektrische Leitungen oder Wasserleitungen können hinter der Gipskartonplatte verlegt werden, ohne dass damit die Dampfsperre durchdrungen werden muss.

Abb. 3.12 – Dampfsperre aus Polyethylen(PE)-Folie.

> **Außenwand**
>
> Außenwände sind im Gegensatz zu Innenwänden Gebäudewände, die direkt zum Freibereich übergehen.

3.3 Dichtigkeit, Dampfbremse und Dampfsperre

Wichtig

Die Dampfsperre sollte an der Innenseite der Dämmung („warme" Seite) eingebaut werden und muss unbedingt luftdicht ausgeführt sein. Eine nicht sachgemäß eingebaute Dampfsperre verursacht den Niederschlag von Tauwasser (Tauwasserausfall) im Dämmmaterial. Schon wenige undichte Stellen (z. B. Kabeldurchlässe, Steckdosen, Balken usw.) machen eine Dampfsperre bzw. Dampfbremse wirkungslos. Warme Innenraumluft gelangt in die Dämmung, kühlt dort ab und die in der Luft enthaltene Feuchtigkeit schlägt sich in Form von Tauwasser nieder (Kondensation, Taupunkt). Die ordnungsgemäße Dichtheit einer Dampfsperre kann mit einem *Blower-Door-Test* nachgewiesen werden.

Luftdichtigkeit

Bei Luftdichtigkeit gibt es keine Wärme- und Lüftungsverluste und auch keine Durchzugserscheinungen. Dadurch wird der Dämmwert der Wand- und Dachkonstruktion verbessert.

Wärmeleitfähigkeit, Lambda

Lambda ist der Wert für die Wärmeleitfähigkeit eines Stoffes. Je niedriger der Lambda-Wert eines Baustoffs, desto besser isoliert er. Glaswolle hat z. B. einen Lambda-Wert von 0,04 bis 0,05 Watt je Quadratmeter und Kelvin (W/m²K), Beton von 2,1 W/m²K und Luft von 0,024 W/m²K.

Je weniger Wärme weitergeleitet wird, desto besser ist die Dämmwirkung. Beispiel: Bei gleicher Dicke dämmt Mineralwolle mit einem Wärmeleitfähigkeitswert von 0,035 W/m²K etwa zehn Prozent besser als solche mit 0,040 W/m²K.

Taupunkt

Der Taupunkt beschreibt die Temperatur, bei der die Luft absolut mit Dampf gesättigt ist, die relative Luftfeuchtigkeit also 100 % beträgt. Wird diese Temperatur unterschritten, bilden sich Wassertröpfchen und der Wasserdampf schlägt sich an kalten Bauteiloberflächen nieder (Kondensation).

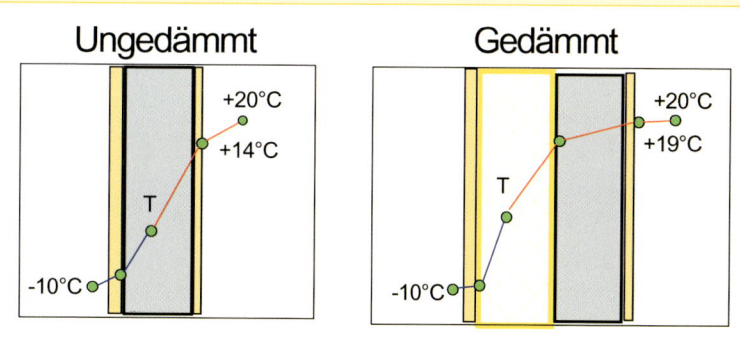

Abb. 3.13 – Temperaturverlauf und prinzipielle Lage des Taupunkts (T) bei einer ungedämmten (linke Darstellung) und einer gedämmten (rechte Darstellung) Gebäudehülle.

3.4 Wärmebrücken vermeiden

Wärmebrücken treten in der Regel bei Übergängen verschiedener Bauteile auf wie zum Beispiel:

- In Ecken beim Sockel- und Deckenanschluss: Deckenanschlüsse müssen immer gut überdämmt werden, da der Deckenbeton die Wärme sonst durch die Mauer leiten kann. Auch im Sockelbereich ist es wichtig, die Dämmstoffschicht weit genug nach unten zu ziehen, nötigenfalls auch feuchtigkeitsbeständig bis ins Erdreich (Perimeterdämmung).
- Konstruktiv bedingte Wärmebrücken im Tür- und Fensterbereich. Betonierte Fensterstürze (Fensterüberleger) sowie Rollladenkästen stellen besondere Schwachstellen dar und müssen unbedingt von außen gedämmt werden. Auch bei nicht ordnungsgemäß eingebauten Fenstersimsen (Fensterbänken) können Wärmebrücken entstehen.
- Wärmebrücken durch unsachgemäße Ausführung (z. B. Lücken in der Dämmung). Alle Schwächungen der Dämmschicht im Außenwandbereich wie z. B. Maueranker, Holzträger oder Heizkörpernischen können zu Wärmebrücken führen.

3.4.1 Tipps zur Vermeidung von Wärmebrücken

Achten Sie beim Dämmen darauf, dass die thermische (dämmende) Hülle in keinem Punkt des Gebäudes geschwächt oder unterbrochen wird. Dazu sollten Sie sich zuerst klarmachen, wo sich die Abgrenzung befindet und die thermische Hülle verläuft. Die Tücke liegt oft bei verwinkelten Bauwerken in Anbauten, im Anschluss zum Dachgeschoss sowie bei Wänden und Treppen zum Keller.

Sind zusätzliche Anbauten wie Balkone, Garagen usw. geplant, denken Sie zuerst an die Wärmebrückenvermeidung. Durch getrennte Wände, einen vorgestellten Balkon statt einer auskragenden Betonplatte, kann die Wärmebrücke vermieden werden. Für angegliederte Balkone gibt es außerdem spezielle „Isokörbe", bei denen die Wärmedämmung nur durch die Bewehrungseisen durchstoßen werden. Die Bewehrung sollte außerdem, anstatt aus normalem Baustahl, in Nirosta ausgeführt werden, da dieser die Wärme deutlich schlechter leitet als normaler Baustahl. Balkone mit vorhandener „durchbetonierter" Betonplatte sollten mit Wärmedämmung (XPS oder Schaumglas) möglichst weiträumig „eingepackt" werden.

> **Wärmebrücke**
>
> Eine Wärmebrücke entsteht bei einer (bezüglich der Dämmung) „gestörten" Gebäudehülle. Die Wärme aus dem Gebäudeinneren fließt an den (gestörten) Stellen durch leitfähige Materialien oder Lücken deutlich schneller nach außen ab als beim übrigen, gedämmten Bauteil. Die dadurch lokal entstehenden niedrigeren Temperaturen führen zu höherem Energieverbrauch, Bauschäden und Feuchtigkeitsproblemen wie z. B. Schimmel.
>
> Umgangssprachlich werden Wärmebrücken auch als *Kältebrücke* bezeichnet, dies ist dann „von außen rein" gedacht in Ordnung, aber per physikalischer Definition unkorrekt.

> **Achtung**
>
> Wärmebrücken können meist nicht durch eine dickere Dämmung ausgeglichen werden.

3.4 Wärmebrücken vermeiden

Vorhandene, unvermeidbare Wärmebrücken sollten Sie mildern, indem Sie die Bauteildurchdringungen überdämmen. Beispiel: Bringen Sie die Dämmung der Außenwand im Erdgeschossbereich nach unten über die Kellerwand an. (Überdämmung der Wärmebrücke über den Schwachpunkt hinaus).

Bei kaltem Keller und einer Dämmung oberhalb der Kellerdecke sollten auch die nachträglich eingezogenen Innenwände durch eine Dämmschicht im unteren Anschlussbereich (Sockel) thermisch entkoppelt werden. Dies können Sie dadurch erreichen, indem die Wände z. B. auf eine Schar (Reihe) Schaumglassteine aufgesetzt werden. Etwas kostengünstiger ist die Variante, die erste Ziegelschar aus Porenbetonsteinen zu mauern. Gleiches gilt auch für den Trockenausbau.

> **Tipp**
>
> Durch Dämmung der Heizkörpernischen können die Wärmeverluste in diesem Bereich um mindestens 50 % reduziert werden. Sinnvoll ist auch das Anbringen einer zusätzlichen Reflexionsschicht, z. B. aus Aluminium, damit die Wärmestrahlung in den Raum reflektiert wird. Dies sind einfache Maßnahmen und Investitionen, die sich spätestens nach zwei Jahren amortisiert haben bzw. bezahlt machen.

3.5 Brandschutz

Die Brandschutzvorschriften sind in den Landesbauordnungen (LBO) der Länder festgelegt. Wenn Sie sich unsicher sind, fragen Sie einen Fachmann oder im zuständigen Bauamt nach Details. Wie Sie z. B. beim Dachausbau Ihre Dachschrägen bekleiden und gestalten dürfen, bestimmen Gebäudenutzung und Anzahl der Stockwerke – davon hängen die Vorschriften zum Brandschutz ab. Für jedes bewohnte Dachgeschoss gilt grundsätzlich:

- Dämmstoffe müssen mindestens zur Brandschutzklasse B2 gehören (normal entflammbare Stoffe).
- Wohnungstrennwände im ausgebauten Dachgeschoss müssen die Anforderung F90 erfüllen und aus Baustoffen der Brandschutzklasse A errichtet werden.

Verkleidungen aus feuerhemmenden Ausbauplatten (Rigips, Fermacell, usw.) basieren auf Gips mit gebundenem Wasser – unter Hitze tritt Wasserdampf aus und dieser hält, ähnlich wie Löschwasser, die Oberflächentemperatur unter 100 Grad. Die entsprechend des Brandschutzes erforderliche Verarbeitung und Konstruktionen der Systeme werden von den Herstellern einzeln in Prüfzeugnissen oder Zulassungen beschrieben. Bitte beachten Sie die Einbauvorschriften von Dämm- und Ausbaumaterialien.

3.6 Verarbeitungstipps

3.6.1 Energieschlupflöcher oder: Wo geht besonders viel Energie verloren?

Wenn es im Haus zieht, obwohl alle Fenster und Türen geschlossen sind, verschwindet die Wärmeenergie durch die Schlupflöcher. Diese sind zuerst zu ermitteln, bevor Sie an eine Dämmmaßnahme oder den Austausch von Fenster und Türen denken. Typische Schlupflöcher sind zum Beispiel:

- Ein durchlässiges Dach
- Maueranschlüsse
- Undichte Fenster und Haustür

Abb. 3.14 – Undichtes Haus. Häufigste Ursache: ein undichter Dachstuhl.

- Risse und Fugen in der Gebäudehülle
- Offene oder nicht verschlossene Durchbrüche

Gute Gründe, das Haus abzudichten:
- Der optimale Dämmwert einer Wärmedämmung wird nur bei dichter Bauweise erreicht.
- Unangenehme Zugluft tritt nicht mehr auf.
- Der Schallschutz verbessert sich.
- Eine nach dem Stand der Technik luftdichte Gebäudehülle ist gesetzlich vorgeschrieben (DIN 4108-7 und EnEV 2002).

Einfacher Test

Feuchter Handrücken und Kerzentest (Vorsicht, Brandgefahr!). Wenn es zieht, spüren Sie den Zug am Handrücken bzw. die Kerzenflamme neigt sich zu der Stelle des Luftzugs hin oder von ihr weg, je nachdem ob es raus- oder reinzieht.

Abb. 3.15 – Einfacher „Luftzug-Test" mit Kerze.

3.6 Verarbeitungstipps

3.6.2 Schimmel in der Wohnung

Schimmel entsteht dort, wo Bauteile dauerhaft feucht sind und das Abtrocknen nicht oder nur erschwert stattfinden kann. Schimmelpilzsporen können giftig sein und damit eine Gesundheitsbeeinträchtigung darstellen. Meist sind die Ursachen eine ungenügende oder falsch ausgeführte Wärmedämmung oder sonstige bautechnische Fehler. Dazu kommen falsche Heiz- und Lüftungsgewohnheiten.

Ursachenforschung
Besorgen Sie sich ein Hygrometer (Luftfeuchtigkeitsmesser). Liegt die Luftfeuchtigkeit ständig über 60 %, wird nicht richtig gelüftet. Ist die Luftfeuchtigkeit niedriger und es tritt trotzdem Schimmel auf, liegt es möglicherweise an einem Baumangel.

Maßnahmen gegen Schimmel
Zwar gibt es zahlreiche chemische Antischimmelmittel, aber Hausmittel wie z. B. eine 5 %-ige Sodalösung oder eine 10 %-ige Essiglösung aus dem Drogeriehandel funktionieren ebenso gut, um die gröbsten Spuren zu verwischen. Kurzfristig können Sie damit den Schimmel beseitigen, aber es wird vermutlich keine dauerhafte Lösung sein. Bei starkem Schimmelbefall muss der Schimmel zusätzlich mechanisch z. B. mit einer Drahtbürste entfernt werden (Achtung, Staubmaske verwenden). Dauerhafter ist es, die Ursachen zu beseitigen und einen Anstrich mit Kalk (alkalisch) oder Silikatfarben aufzubringen. Leimfarben, Dispersion oder Tapeten sind kontraproduktiv, denn sie bieten eine wunderbare Nährgrundlage für die Schimmelpilze.

In älteren, feuchten Häusern, für deren Konstruktion in der Hauptsache Holz verwendet wurde, kann der Hausschwamm auftreten. Es gibt unterschiedliche For-

Abb. 3.16 – Hygrometer unterschiedlicher Ausführung, zu beziehen z. B. bei Conrad-Electronic.

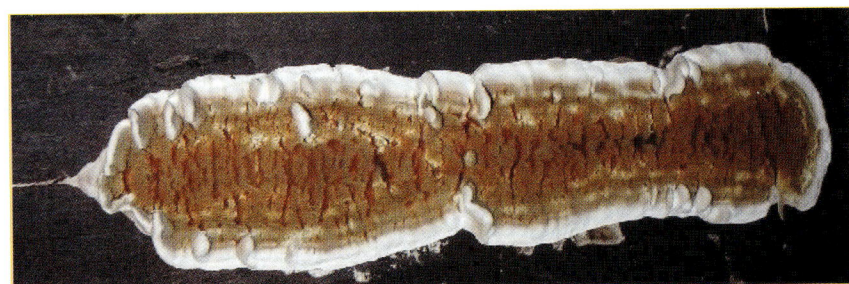

Abb. 3.17 – Fruchtkörper des echten Hausschwammes (Serpula lacrimans).

3.6 Verarbeitungstipps

men des Hausschwamms, die sich meist nur durch erfahrene Fachleute bestimmen lassen. Wurde der echte Hausschwamm prognostiziert, sollten Sie sich noch ein zweites Urteil einholen, denn dieser schädigt massiv die Gebäudesubstanz, indem er das Holz zerstört und in benachbartes Mauerwerk massiv eindringt. Die Sanierungsmaßnahmen sind sehr aufwendig und kostenintensiv, außerdem ist der echte Hausschwamm bei der Baubehörde meldepflichtig.

3.6.3 Vorbereitung und Altlasten

Vorhandene Dämmungen in älteren Gebäuden sind selten zur Weiterverwendung geeignet. Oft finden sich gesundheitsschädliche Glaswolle, krebserregende Eternitplatten oder einfach nur Strohballen auf dem Dachboden. Die ganz alten Dämmmethoden wie z. B. Strohlehm, Heu oder Wolle sind noch die sympathischsten und gewinnen wieder an Aktualität.

Holz zerstörende **Insekten** können Sie vor allem im Dachstuhl z. B. anhand der frischen Häufchen von Fraßmehl oder Fressgeräuschen (nachts) feststellen. Den Befall sollten Sie evtl. durch einen Fachmann untersuchen lassen. Es gibt verschiedene Möglichkeiten, z. B. den Holzwurm und den Hausbock zu bekämpfen.

3.6.4 Transport und Handhabung

Die neu einzubauenden Dämmstoffe sind zwar nicht schwer, aber meist sehr voluminös und dadurch schwierig zu transportieren. Wenn Sie selbst Hand anlegen, empfiehlt es sich, die Dämmstoffe zumindest anliefern zu lassen. Je nach Art und Ausführung der Dämmplatten ist darauf zu achten, dass z. B. die empfindlichen Nut-Feder-Kanten beim Transport nicht beschädigt werden.

3.6.5 Zuschnitt

Wenn Dämmstoffmatten, Platten oder Filze verwendet werden, sind die zwischen die Sparren passenden Abschnitte einzupassen bzw. zuzuschneiden. Bei einigen Materialien wie Mineral- und Glaswolle gibt es als Zubehör spezielle Messer. Bei vielen Materialien ist der Zuschnitt mit dem Messer unbefriedigend, da sollten

> **Tipp**
>
> Wenn Sie alte Mineralfasern (Glaswolle) entfernen müssen, denken Sie daran: Die Fasern können gesundheitsschädlich sein. Zusätzlich haften möglicherweise auch Umweltschadstoffe und Gifte daran wie z. B. Holzschutzmittel (DDT). Arbeiten Sie bitte unbedingt mit Schutzkleidung, Overall, Atemschutzmaske und Handschuhe.

> **Tipp**
>
> Bei den meisten mattenartigen Dämmmaterialien lässt sich der Zuschnitt mit einem Elektrofuchsschwanz mit geeignetem Sägeblatt sehr gut durchführen.

3.6 Verarbeitungstipps

Abb. 3.18 – Spezielles Messer zum Schneiden von Mineralwolle, Elektrofuchsschwanz.

wenden. Da entfällt der Zuschnitt völlig. Die Verarbeitung besteht in nur wenigen Arbeitsgängen: die Vorbereitung, das Auslegen einer Rieselschutzfolie, der Transport des Dämmstoffs vor Ort, das Ausschütten und das Verteilen. Das geschüttete Dämmmaterial passt sich von selbst Unebenheiten an und füllt jeden Hohlraum optimal aus.

Auf großen ebenen Flächen lassen sich natürlich auch Dämmplatten schnell verlegen. Zwischen den einzelnen Elementen können aber Lücken entstehen, die dann zu ärgerlichen Wärmebrücken führen. Vor allem auch in Rand- und Über-

Sie dann besser mit einem Elektrofuchsschwanz und dem passenden Sägeblatt arbeiten. Optimal ist es zudem, wenn sich durch aufgedruckte Hilfslinien (systembedingt) die erforderlichen Abschnitte gezielt zuschneiden lassen.

3.6.6 Montage

Bei waagrechten Dämmungen wie bei der obersten Geschossdecke (zum Dachboden) ist es sinnvoll, wenn Sie Schüttdämmstoffe ver-

Abb. 3.19 – Dämmplatten beim Einbau im Dachboden (Quelle: Schwäbisch Hall/Saint-Gobain, Isover).

3.6 Verarbeitungstipps

gangsbereichen (etwa dort, wo die Dachsparren auf die Deckenbalken treffen) kann es zu Dämmlücken kommen. Diesen Übergangsbereich sollten Sie unbedingt mit anderen Materialien dämmen und abdichten (stopfen).

Bei Montagearbeiten zwischen und unter den Sparren sind die flexiblen Materialien wie Glas- oder Steinwolle, Flachs, Hanf oder Schafwolle sehr vorteilhaft. Sie passen sich unebenen oder verzogenen Hölzern gut an. Mit eher starren geschäumten Materialien wie z. B. Polystyrol ist der lückenlose Verbund schwieriger zu erreichen.

> Der beste und in ausreichender Dicke eingebaute Dämmstoff hat keine Wirkung, wenn durch fingerbreite Lücken Luftaustausch stattfinden kann (Wärmebrücken).
>
> Denken Sie an Leerrohre z. B. für eine zukünftige Solaranlage (Photovoltaik oder Thermie). Damit sorgen Sie vor, dass spätere Installationen für Rohre oder Kabel die Dämmung und die Dampfbremse nicht beschädigen.

3.7 Feuchtigkeitsschäden durch Dämmung

Durch unsachgemäße Dämmungen können erhebliche Feuchtigkeitsschäden verursacht werden. Gut gemeinte aber schlecht durchgeführte Sanierungsmaßnahmen im Altbau führen leider immer wieder zu Feuchtigkeit, Schimmel und Fäulnis und damit zu Substanzverlust. Dabei sollte doch eigentlich das Ziel sein, Schimmelpilzbefall mit der Dämmung ausmerzen. Entscheidend sind hierbei der richtige Aufbau und die Beachtung des Frost-Taupunkts.

In Altbauten mit zugigen Türen und Fenstern und einer meist überdimensionierten Heizung gibt es genügend natürlichen Luftaustausch, um die Feuchtigkeit nach draußen zu befördern. Doch je besser das Gebäude gedämmt und abgedichtet wird, desto mehr steigt das Risiko, dass feuchte Luft unabsichtlich an speziellen Problemstellen durchgeführt bzw. in den Dämmbereich geleitet wird. Typische kritische Stellen sind z. B. im Wandbereich die Fenster, die Mauerecken und im Dachbereich neben der Abdichtung von Dachfenstern auch Kniestock, Gaubenanschlüsse und Rohrdurchführungen.

Richtiges Dämmen, Dichten und Lüften sind bei der Sanierung von Altbauten und dem Bau neuer Niedrigenergie- oder Passivhäuser untrennbar miteinander verbunden. Entweder ist das Dämmkonzept auf kontrollierte Durchlässigkeit und Feuchtigkeitsaustausch angelegt oder aber es gilt die optimale Abdichtung als Voraussetzung für den Erfolg des Energiesparkonzepts.

Die Industrie und der Handel bieten eine Vielzahl winddichter Materialien an, die vor allem die Dachdämmung zur Raumseite hin vor Luftzug schützen sollen. Die Palette reicht von Dampfsperrfolien aus Aluminium und/oder Kunststoff bis zu Dampfbremsen auf Polyamid- oder Zellulosebasis. Auch Holzwerkstoffplatten (z. B. OSB) lassen sich als winddichte Ebene verarbeiten. Je nach Anwendung ist aber auch die Wasserdampfdurchlässigkeit gerade bei älteren Häusern (Fachwerkhäusern) enorm wichtig. So werben Anbieter „diffusionsoffener" Dampfbremsen zu Recht damit, dass einmal eingedrungene Feuchtigkeit hier nicht gefangen ist, sondern im Lauf der Zeit wieder entweichen kann.

> **Taupunkt**
>
> Temperaturlevel, bei der die Luft mit Wasser gerade gesättigt ist (Luftfeuchtigkeit 100 Prozent). Bei Abkühlung der Luft unter den Taupunkt bilden sich Tröpfchen, das Wasser kondensiert.

> Je dichter das Haus, desto mehr Aufmerksamkeit gilt der Lüftung. Bei Passivhäusern ist eine automatische Lüftungsanlage mit Wärmerückgewinnung sinnvoll.

4 Dämmen und Wohlbefinden

In manchen Zimmern, vor allem in Eckräumen mit zwei Außenwänden, ist es im kalten Winter auch bei hohen Innenlufttemperaturen von über 21 °C unbehaglich. Die Wände und die Fensteroberflächen bleiben kalt, weil es an der Wärmedämmung fehlt. Werden die Oberflächentemperaturen der Außenwand gemessen, zeigt sich z. B. bei einer Raumlufttemperatur von 21 °C eine Oberflächentemperatur der ungedämmten Außenwand von 14-15 °C bei Außentemperaturen von -10 °C.

4 Dämmen und Wohlbefinden

Mit einer Dämmung der Außenwände lassen sich somit nicht nur Heizkosten sparen, die Wohnqualität steigt und Raumtemperaturen können abgesenkt werden. Dadurch wiederum ergibt sich eine bessere Luftqualität und der Schimmel hat keine Chance.

4.1.1 Naturdämmstoffe

Dämmstoffe aus nachwachsenden Rohstoffen schneiden hinsichtlich der Energiebilanz in der Regel sehr gut ab.

Zu Dämmstoffen aus nachwachsenden Rohstoffen zählen z. B. Baumwolle, Flachs, Stroh, Schilf, Kokos, Kork, Holzfasern, Zellulose und Schafwolle. Der Einsatz „nachwachsender" Dämmstoffe ist jedoch nur dann empfehlenswert, wenn die Rohstoffe zum überwiegenden Anteil ökologisch erzeugt, d. h., bei der Erzeugung nicht mit Pestiziden behandelt wurden. Einige gute Gründe für „nachwachsende" Dämmstoffe sind:

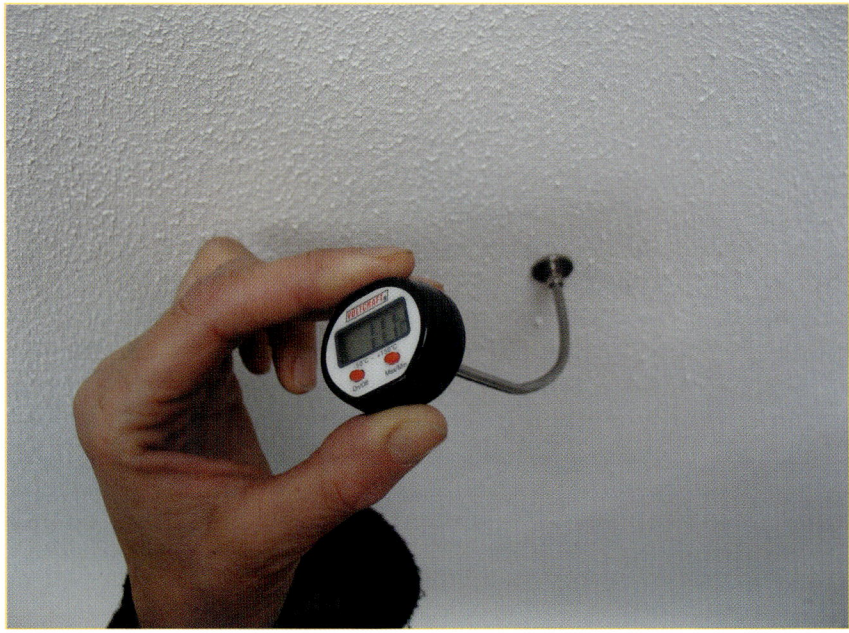

Abb. 4.1 – Messung der Oberflächen-Wandtemperatur.

Energiebilanz

Die aufgewendete Energie zur Herstellung des Dämmstoffes und die durch Verwendung des Dämmstoffes mögliche Energieeinsparung bilanzierend gerechnet.

- Sie sind zum Teil bereits Recyclingprodukte und lassen sich gut wiederverwerten.
- Sie sind nicht mit Formaldehydharzen verklebt.
- Ihr Dämmwert ist so gut wie der der künstlichen Dämmstoffe.
- Die Handhabung und Verarbeitung ist oft angenehmer.
- Die Energiebilanz ist meist günstiger.

So muss für die Herstellung von Dämmstoffen aus Polyurethan im Vergleich zu einem Produkt aus einem nachwachsenden Rohstoff um ein Vielfaches mehr Energie eingesetzt werden. Bei Polystyrol und Mineralwolle liegt der Faktor etwa beim Zehnfachen. Zu bedenken ist auch, dass mit Anbau und Verwendung von nachwachsenden Rohstoffen wie Hanf und Flachs (blau blühend) eine angenehme und naturverträgliche Produktion stattfindet.

Am Beispiel des Dämmstoffs Schafswolle zeigt die Natur auf, was dämmstofftechnisch möglich ist. Die Schafwolle ist ein für die

4 Dämmen und Wohlbefinden

Hausdämmung optimal verwendbares Dämmmaterial, das sich gut eignet, um z. B. unter dem Dach verbaut zu werden. Für die lange Zeit haltbare, das Raumklima angenehm regelnde und optimal dämmende Schafwolle müssen Sie allerdings auch bereit sein, einen wesentlich höheren Preis zu bezahlen.

4.1.2 Wohlbefinden

Die übliche Herangehensweise, Passiv- oder Niedrigenergiehäuser zu dämmen und mit Dampfsperren hermetisch und luftdicht abzuriegeln, muss nicht immer der richtige Weg sein. Gerade im Altbau (Fachwerk) kann diese Vorgehensweise eher abträglich sein. Auch Häuser sollen atmen dürfen. „diffusionsoffen" nennt der Fachmann das und erreicht wird es über eine spezielle, dickere Dämmung z. B. aus Zellulose (ab 20 cm). Die Feuchtigkeit kann dann aus dem Gebäude entweichen, die Wärme bleibt drin. Wichtig hierfür sind natürlich ein homogenes Dämmgefüge und die Oberflächen im Hausinneren durchlässig zu halten. Lacke und Versiegelungen sind somit nicht die richtige Wahl, der Anstrich sollte aus Mineralfarben bestehen. Das Dämmmaterial muss schlüssig und ohne Lücken eingebaut werden. So eine Dämmung braucht natürlich auch im kompletten Wandaufbau ein schlüssiges Gesamtkonzept, wie es z. B. im Strohballenbau mit Lehmverputz und Lehmfarben zu finden ist.

Abb. 4.2 – Naturdämmstoffe, links Hanf, rechts Holzweichfaser.

Es wird behauptet, dass die Glaswolle inzwischen gesundheitlich unbedenklich sei. Zahlreiche Untersuchungen darüber, inwiefern Mineralfasern die Lungen von Ausbauhandwerkern und Nutzern gesundheitlich schädigen, wurden durchgeführt. Bei der seit den 90er-Jahren veränderte Mineralfaser wurde inzwischen eine höhere Biolöslichkeit und damit eine bessere Verträglichkeit auch für den Menschen nachgewiesen. Daher wird sie heute von der Wissenschaft nicht mehr als krebserregend eingestuft. Das bedeutet jedoch leider noch nicht, dass Mineralfasern für die Gesundheit als völlig unbedenklich eingestuft werden können.

Gerade wenn Dämmmaterial auch selbst verarbeitet werden soll, spielen Aspekte wie Geruch und das Gefühl beim Anfassen des Dämmmaterials, eine größere Rolle. Wer schon einmal Glaswolle verarbeitet hat, weiß, wovon die Rede ist.

4 Dämmen und Wohlbefinden

Dämmstoff	Rohdichte [kg/m³]	Wärmeleitfähigkeit λR* [W/mK]	Schadstoffabgabe bei der Nutzung	Schadstoffabgabe entlang der Produktlebenslinie	Primärenergie-Inhalt	Baustoffklasse**
Blähglimmerschüttung (Vermiculit)	70-150	0,07	nein	nein	mittel	A
Blähperlit-Schüttung	90	0,05	nein	nein	mittel	A
Blähton-Schüttung	300	0,16	nein	nein	mittel	A
Cellulose-Schüttung (Recycling)	50	0,045	nein	nein 1)	sehr gering	B
Holzfaser-Weichplatten	130-270	0,05	nein	nein 1)	sehr gering	B
Holzwolle-Leichtbauplatten	360	0,09	nein	nein	gering	B
Kokosfasermatten bzw. -platten	75-125	0,045	nein	nein	gering	B
Kork	120-200	0,045	nein 3)	nein 3)	gering	B
Mineralwolleplatten (Glas, Steinwolle)	80	0,04	möglich 2)	ja 1), 2)	mittel	A
Polystyrolplatten	30-60	0,03	ja 4)	ja 4)	hoch	B
Polyurethanplatten	30	0,025	möglich 5)	ja 5)	hoch	B
Schafwolle	20-120	0,04	nein	nein	gering	B
Schaumglasplatten	130	0,05	nein 6)	nein	mittel	A
Schilfrohrplatten	k.A.	0,06	nein	nein	gering	B
Strohplatten	500	0,11	nein	nein	gering	B

1) Ggf. Atemschutz bei der Verarbeitung zum Schutz gegen Faserfreisetzung erforderlich.
2) Fasern mit kritischer Geometrie sind im Tierversuch Krebs erzeugend. Faserfreisetzung ggf. möglich.
3) Bei schlechten Qualitäten bzw. bei Verwendung von Chemikalien Emissionen möglich.
4) Bei Gebrauch Abgabe von Styrol möglich. Bei der Herstellung und im Brandfall Freisetzung giftiger Chemikalien.
5) Bei Gebrauch Abgabe von Reaktionsprodukten der Isocyanate nicht auszuschließen. Bei der Herstellung und im Brandfall Freisetzung giftiger Chemikalien.
6) Bei Verletzung der Poren Freisetzung von Schwefelwasserstoff.
*Index R = nach Norm ermittelter Rechenwert
**Baustoffklassen: A = nicht brennbar; B = brennbar

Abb. 4.3 – Dämmstoffe und Schadstoffe. (Quelle: Schadstoffberatung Tübingen, Raumluft und Materialanalysen).

4.2 Eine Dachbegrünung, nicht nur Ökologie

Bei Flachdächern oder wenig geneigten Dächern bietet sich eine nachträgliche Außendämmung (Umkehrdach) mit zusätzlicher Dachdichtung und Dachbegrünung als einfache und kostengünstige Wärmeschutzmaßnahme an. Die Sanierungsarbeiten können von außerhalb problemlos durchgeführt werden, ohne dass die Wohnsituation davon gestört wird. Die zusätzliche Dachbegrünung hat zudem mehrere Vorteile:

- Optisch ansprechend und angenehm
- Regenwasserrückhaltung
- Klimaverbessernd für das Umfeld
- Wärme- und Kälteschutz für die Bewohner
- Erweiterung der Grünflächen
- Verlängert die Lebensdauer des Dachs

Dachbegrünungen werden zum Teil öffentlich gefördert. Dies kann durch Direktzuschüsse (z. B. der Städte und Gemeinden) oder indirekt durch Beiträge, z. B. durch Splitting der Abwassergebühren (Trennsystem), erfolgen. In manchen Bereichen ist die Dachbegrünung durch Festsetzung in den Bebauungsplänen für Hauptdächer oder Dächer von Nebengebäuden (wie z. B. Garagen) sogar vorgeschrieben.

4.2.1 Extensive und intensive Dachbegrünung

In der Ausführungsart und im Aufbau wird zwischen *extensiver* und *intensiver* Dachbegrünung unterschieden. Die *extensive* Dachbegrünung hat einen dünnen und damit leichten Schichtenaufbau und eine trockenheitsverträgliche Begrünung. Diese Art des Aufbaus wird hier im Buch im Zusammenhang mit einer zusätzlichen Dämmung bevorzugt behandelt. Die *intensive* Dachbegrünung hat dagegen einen aufwendigen Schichtenaufbau (Gewichtsbelastung) und die Gestaltung kann einem vollwertigen Garten entsprechen, mit allen in der Gartengestaltung bekannten Elementen.

Extensive Dachbegrünungen sind in der Regel preiswert, einfach aufzubringen und von der Belastung her so leicht wie eine Kiesschüttung. Sie zeichnen sich dadurch aus, dass sich die Bepflanzung nach dem Anwachsen weitgehend pflegefrei selbst erhält. Demzufolge müssen für diese Begrünungsart Pflanzen bzw. Pflanzengemeinschaften verwendet werden, die entsprechend anpassungs- und regenerationsfähig sind, um unter den extremen Standortbedingungen auf dem Dach dauerhaft zu bestehen.

Zwar werden Extensivbegrünungen meist auf Flachdächern aufgebracht, sie sind jedoch ebenso auf leicht geneigten Dächern einsetzbar. Ab einer Neigung von etwa 12° sollte der Aufbau an die veränderten Bedingungen angepasst werden. So ist es beim Schrägdach sinnvoll, z. B. Matten mit höherer Wasserspeicherung und ein vor Erosion schützendes Gewebe zu verwenden.

Die Hauptprinzipien der Dachbegrünung sind:

- Die Dachdichtungsebene muss dauerhaft erhalten und geschützt sein.
- Die zulässige, maximale Dachlast darf nicht überschritten werden.
- Es bedarf eines Schutzes gegen mechanische Beschädigungen und Durchwurzelung der Dachdichtung.
- Niederschlagswasser soll zwar auf dem Dach gespeichert werden, darf aber nicht zu Staunässe führen.

> **Umkehrdach**
>
> Die Dämmung befindet sich oberhalb der Dachhaut (Dachdichtung).

4.2 Eine Dachbegrünung, nicht nur Ökologie

- Das Substratgemisch soll für die entsprechende Bepflanzung optimal geeignet sein.
- Die Bepflanzung muss so ausgewählt werden, dass sie für die extremen Bedingungen auf dem Dach, dauerhaft geeignet ist.

Je nach Hersteller gibt es für die Dachbegrünungsaufbauten unterschiedliche Systemaufbauten, spezielle Drän- und Wasserspeichermatten und spezielle Pflanzsubstrate, Entwässerungs- und Randelemente. Für einfache Dachbegrünungen gibt es die Materialien im Pflanzencenter und fertig aufeinander abgestimmte Systeme und Bausätze. Wichtig ist jedoch, dass Sie zuerst die für das Dach zulässige Dachlast prüfen bzw. prüfen lassen. Je nach Begrünungssystem kann sich die m²-Belastung um 20 bis über 100 kg/m² durch die zusätzliche Dachbegrünung erhöhen. Das Gewicht variiert außerdem noch im trockenen und im nassen Zustand und es ist auch zu bedenken, dass im Winter Schneelast dazukommen kann.

> Wenn Sie eine Dachbegrünung in Erwägung ziehen, lassen Sie zuerst die mögliche Dachlast prüfen.

Abb. 4.4 – Einfache und preiswerte Dachbegrünung mit ausgesäten Sedumsprossen auf einem leicht geneigten Garagendach. **a)** Fläche **b)** Detail

4.2 Eine Dachbegrünung, nicht nur Ökologie

Extensive Dachbegrünung, kurz und bündig, einfacher Aufbau

- Nur wenige Schichten reichen aus, um aus einem tristen Dach eine grüne Oase zu machen.
- Mit einer geringen Dachlast von nur 50 bis 60 kg/m² (wassergesättigt) kann eine einfache und damit auch für ältere Dächer geeignete Dachbegrünung geschaffen werden.
- Beim Flachdach und beim leicht geneigten Dach muss nichts durch die Dachdichtung hindurch befestigt werden, ggf. kann die Dachbegrünung jederzeit teilweise oder ganz wieder aufgenommen werden. Reparaturen am Dach sind damit kein Problem und bei Bedarf kann die Dachbegrünung sogar auf ein anderes Dach übertragen werden.
- Eine extensive Dachbegrünung ist weitgehend pflegefrei. Sedumsprossen sind besonders robuste und trockenheitsresistente Pflanzen. Sie setzen sich in Trockenheitsphasen gegen Unkräuter durch – bis auf einen jährlichen Kontrollgang ist in der Regel keine Pflege erforder-

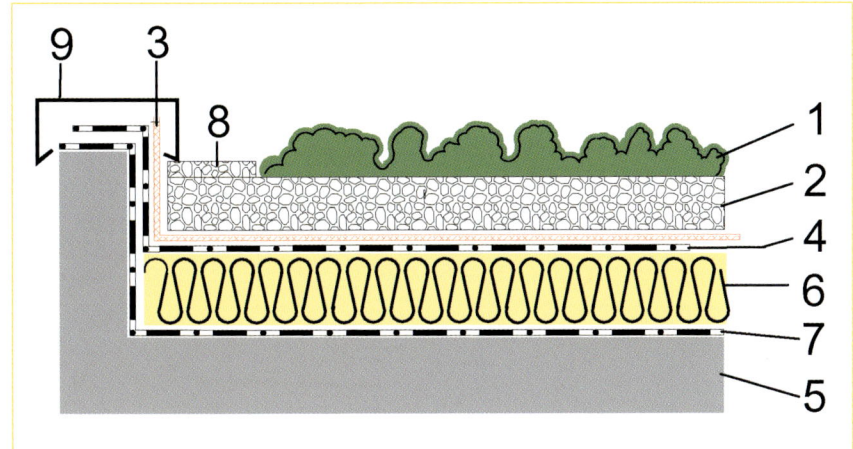

Abb. 4.5 – Prinzipieller Dachaufbau eines begrünten Umkehrdachs: (1) Begrünung, (2) Pflanzsubstrat bzw. Dränschicht, (3) Schutzvlies, (4) neue Dichtung, Wurzelschutz, (5) Dachdecke, (6) Dämmung, (7) alte Dichtungsebene, (8) Randstreifen, (9) Abdeckblech.

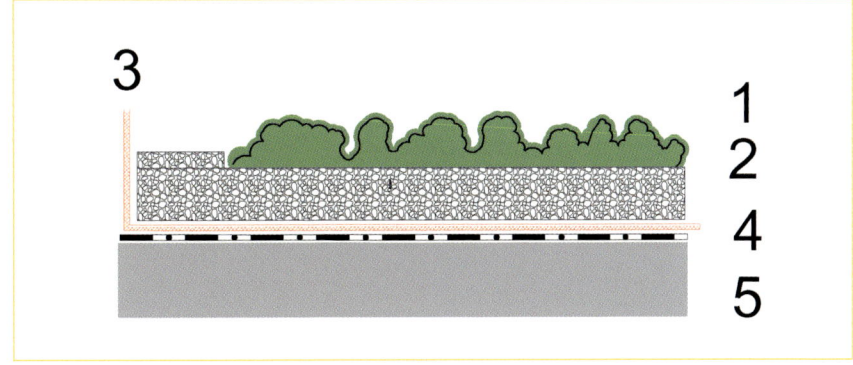

Abb. 4.6 – Dachbegrünung, einfacher Aufbau: (1) Sedumsprossen, (2) Pflanzsubstrat (z. B. Lavalit), (3) Schutzvlies ca. 200 g/m², (4) Dichtung und Wurzelschutz, (5) Dachdecke.

4.2 Eine Dachbegrünung, nicht nur Ökologie

lich (einmal im Jahr sollten Sie danach schauen, ob wilde Baumsämlinge, z. B. Birkensämlinge, aufgegangen sind).

Die Bepflanzung bei einer extensiven Begrünung kann als einfachste Variante durch eine Einsaat z. B. mit Sedumsprossen selbst durchgeführt werden (die Einsaat am besten im zeitigen Frühjahr durchführen). Aber es gibt auch fertige Pflanzmatten (Vegetationsmatten) mit Sedumsprossen oder Stauden, die wie Rollrasen auf dem Dachsubstrat ausgelegt werden können.

> Arbeiten auf dem Dach bedürfen entsprechender Sicherheitseinrichtungen.

Checkliste Dachbegrünung		Klärung	Anmerkung
1	Ist eine Dachbegrünung vorgeschrieben?		
2	Alter und Zustand des vorhandenen Dachs		
3	Art des Dachs: Flachdach, leicht geneigtes Dach?		
4	Dachfläche, Länge, Breite, Neigung		
5	Soll eine zusätzliche Dämmung von außen aufgebracht werden?		
6	Vorhandene Dachdichtung wurzelfest?		
7	Zusätzliche Dachdichtung z. B. Bitumen, Beton, EPDM-Folie		
8	Zusätzliche Dichtung: Wurzelschutzfolie als Schutz der vorhandenen Abdichtung oder EPDM (Kautschuk) Folie (Wurzelschutz und Dichtung)		
9	Randanschlüsse, Bleche, Attika in Ordnung?		
10	Bei Flachdach: Entwässerungseinläufe in Ordnung und ausreichend?		
11	Art der Begrünung, extensiv/intensiv?		
12	Art der Randbereiche und Blechverwahrungen planen.		

5 Fördermöglichkeiten und Verordnungen

5.1 Energiesparverordnung (EnEV), Mindeststandards

Die Energieeinsparverordnung (EnEV) gibt für die energetische Sanierung (Dämmung) von Bauteilen bestimmte Wärmedurchgangskoeffizienten (U-Werte) vor. Werden die Werte erreicht, kann damit Ihr Gebäude in einen bestimmten Standard eingestuft werden. Dadurch können Sie dann auch entsprechende Förderungsgelder und zinsgünstige Kredite in Anspruch nehmen.

Damit Sie diesen vorgegebenen Mindestwärmeschutzwert (nach EnEV) erreichen können, müssen – abhängig von der jeweiligen Beschaffenheit des einzelnen Bauteils – maximal die im linken Teil der Tabelle aus Abb. 5.3 angegebenen Dämmstoffdicken bei einem Dämmstoff der Wärmeleitgruppe 035 (WLG035) verwendet werden.

> **Wärmedurchgangskoeffizient (U-Wert)**
>
> Der U-Wert (früher K-Wert) ist ein Maß für den Wärmestromdurchgang durch eine Materialschicht, wenn auf beiden Seiten verschiedene Temperaturen vorherrschen. Der Wert gibt an, welche Wärmemenge durch einen Quadratmeter Wandfläche von einem Meter Dicke innerhalb einer Stunde entweicht, wenn die Lufttemperatur an beiden Seiten der Wand sich um ein Grad Celsius (bzw. 1 Kelvin) unterscheidet. Je kleiner der U-Wert, desto geringer ist der Wärmeverlust. Ausgedrückt wird der U-Wert in Watt je Quadratmeter und Kelvin (W/m²K).

> **Achtung**
>
> Zum Teil werden Dämmstoffe der Wärmeleitgruppe 040 angeboten. Hier erhöhen sich die nach EnEV erforderlichen Dämmstoffstärken um etwa 10 Prozent.

Der gesetzliche Wärmeschutz nach Energieeinsparverordnung stellt ein vorgegebenes Minimum dar. Für einen wirklich guten Wärmeschutz ist es sinnvoller, diese Werte zu erhöhen. Die Bauteile, die an die Außenluft angrenzen (die oberste Geschossdecke kann bei nicht ausgebautem und nicht gedämmtem Dach diesem Umstand gleichgesetzt werden) sollten U-Werte zwischen 0,10 und 0,20 W/m²K erreichen. Die Decke zum ungeheizten Keller sollte einen U-Wert zwischen 0,20 und 0,40 W/m²K erreichen. Die Fenster (Verglasung und Rahmen) sollten U-Werte zwischen 0,9 und 1,2 W/m²K haben. Die entsprechenden Dämmstoffstärken sind jeweils im rechten Teil der Tabelle eingetragen.

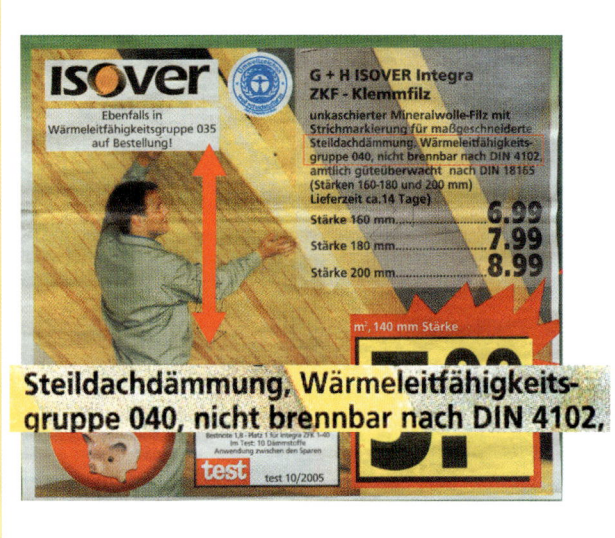

Abb. 5.1 – Vorsicht, Falle: Produktanzeige, in der die Wärmeleitgruppe 040 angeboten wird. Links der unauffällige Hinweis: Es gibt auch WLG 035.

5.1 Energiesparverordnung (EnEV), Mindeststandards

Bauteil	Mindestwärmeschutz entsprechend EnEV		Empfohlener Wärmeschutz	
	U-Wert W/m²K	Dämmstoffstärke in cm (WLG035)	U-Wert W/m²K	Dämmstoffstärke in cm (WLG035)
Steildach	0,30	14	0,20 bis 0,10	20 bis 36
Flachdach	0,25	14	0,20 bis 0,10	18 bis 34
Oberste Geschossdecke	0,30	12	0,20 bis 0,10	18 bis 34
Außenwand	0,35	10	0,20 bis 0,10	16 bis 32
Kellerdecke	0,40	8	0,40 bis 0,20	8 bis 16
Fenster	1,7		1,2 bis 0,9	

Abb. 5.2 – Wärmeschutztabelle mit U-Wert und erforderlichen Dämmstoffstärken.

5.2 Förderungen und zinsgünstige Kredite

Die im Buch beschriebenen Wärmedämmungsmaßnahmen, wie auch Heizungssanierung und Solaranlagen, werden durch verschiedene zinsgünstige Kredite der KfW und Banken gefördert. Bei umfassender Modernisierung auf Niedrigenergie-Standard gibt es sogar einen Teilschuldenerlass. Auch andere Finanzierungsformen wie Bausparkredite usw. sind natürlich möglich.

Bei der KfW können auch Kredite oder Zuschüsse aus dem CO_2-Gebäudesanierungsprogramm beantragt werden. Außerdem gibt es weitere Töpfe, aus denen Gelder bezogen werden können.

Förderungsgegenstand	Beschreibung
Gebäudesanierung KfW-CO_2 Kredit	Förderung für selbst genutzte und vermietete Wohngebäude. Das KfW-CO_2-Gebäudesanierungsprogramm ist Bestandteil des nationalen Klimaschutzprogramms und dient der Förderung von Maßnahmen zur Energieeinsparung und zur Minderung des CO_2-Ausstoßes in Wohngebäuden. Für Wohngebäude, die bis zum 31.12.1983 fertiggestellt worden sind, erfolgt die Förderung für energetische Sanierungen auf Neubauniveau nach Energieeinsparverordnung (EnEV) oder besser, bzw. Unterschreitung des EnEV-Neubau-Niveaus um mind. 30 %. Bei Einhaltung bzw. Unterschreitung der Neubauwerte für den Jahres-Primärenergiebedarf und den Transmissionswärmeverlust nach § 3 der EnEV wird ein Zuschuss in Höhe von 5 % des Zusagebetrags gewährt. Bei Unterschreitung der Werte nach § 3 der EnEV um 30 % und mehr wird ein Tilgungszuschuss in Höhe von 12,5 % des Zusagebetrags gewährt. Weiterhin gibt es Sonderförderung zu Modellvorhaben. Wohngebäude, die bis zum 31.12.1994 fertiggestellt worden sind, werden im Rahmen von Maßnahmenpaketen gefördert.
Niedrigenergiehaus im Bestand	Gefördert werden Sanierungs- und Modernisierungsmaßnahmen an Ein- (EFH), Zwei- (ZFH) und Mehrfamilienhäusern (MFH), die vor dem 31.12.1983 fertiggestellt worden sind. Die Maßnahmen müssen zu einem Unterschreiten des EnEV-Neubau-Niveaus um mind. 50 % des Jahres-Primärenergiebedarfs und des spezifischen Transmissionswertes führen. Der End-Energiebedarf muss mind. 40 % unter dem Primär-Energiebedarf für einen vergleichbaren Neubau liegen. Der Einsatz einer mechanischen Lüftungsanlage (mind. Abluftanlage) ist obligatorisch. Pro Eigentümer kann die Sanierung von nur einem Objekt aufgenommen werden. Die Projektteilnehmer verpflichten sich, die Ziele des Modellvorhabens aktiv zu unterstützen. Dies umfasst insbesondere die Unterstützung der Presse- und Öffentlichkeitsarbeit der dena. Achtung: Anträge für Ein- und Zweifamilienhäuser können bis spätestens 31.03.2008 gestellt werden.

5.2 Förderungen und zinsgünstige Kredite

Die Varianten können Sie auch bei der Energieberatung der Verbraucherzentralen erfragen.

In der unten stehenden Tabelle erhalten Sie den derzeitigen Förderungsstand (2007).

> **Tipp**
> Da die Rahmenbedingungen für Förderungen immer wieder geändert werden, sollten Sie bitte den aktuellen Stand selbst prüfen. Die für den Kontakt erforderlichen Adressen und Internetadressen finden Sie hier im Buch.

Zielgruppe	Finanzierung	Adressen und Information
Privatpersonen, Wohnungsunternehmen, Genossenschaften, Gemeinden usw.	Gefördert werden bis zu 100 % der förderfähigen Investitionskosten einschließlich Nebenkosten (Architekt, Energieeinsparberatung, etc.), max. 50.000 € pro Wohneinheit.	KfW-Förderbank Postfach 11 11 41 60046 Frankfurt Telefon: 0 18 01/33 55 77 (Infocenter) Fax: 069 7431-2944 infocenter@kfw.de http://www.kfw-foerderbank.de Antragsstelle: frei wählbares Kreditinstitut
Privatpersonen, Wohnungsunternehmen, Genossenschaften Gemeinden usw. für selbst genutzte und vermietete Wohngebäude.	Die Förderung erfolgt durch einen erhöhten Tilgungszuschuss von 20 % des im Rahmen des CO_2-Gebäudesanierungsprogramms gewährten Kreditvolumens.	Deutsche Energie-Agentur (dena) Chausseestraße 128a 10115 Berlin Telefon: 0 30/7 26 16 56-0 Fax: 0 30/7 26 16 56-99 info@dena.de http://www.nehim-bestand.de http://www.dena.de

5.2 Förderungen und zinsgünstige Kredite

Förderungs-gegenstand	Beschreibung
Wohnraum modernisieren	Öko-PLUS-Maßnahmen 1. Wärmeschutz der Gebäudeaußenhülle (Dämmung): - der Außenwände - des Daches - von obersten Geschossdecken zu nicht ausgebauten Dachräumen - der Kellerdecke, von erdberührten Außenflächen beheizter Räume oder von Wänden zwischen beheizten und unbeheizten Räumen 2. Erneuerung von Heizungstechnik auf Basis erneuerbarer Energien, Kraftwärme Kopplung und Nah-/Fernwärme. Finanziert werden: - solarthermische Anlagen, ggf. inklusive Erneuerung von Zentralheizungen - Biomasseanlagen - Holzvergaser-Zentralheizungen mit Leistungs- und Feuerungsregelung - Wärmepumpen - Abluftanlagen mit geregelten Außenwandluftdurchlässen sowie Lüftungsanlagen - Anlagen zur Versorgung mit Wärme aus Kraft-Wärme-Kopplung - Wärmeübergabestationen und Rohrnetz bei Nah- und Fernwärme - Sonderregelung: Austausch von Kohle-, Öl- und Gaseinzelöfen sowie Nachtspeicherheizungen durch den Einbau von Zentralheizungsanlagen auf Basis von Brennwerttechnologie Beim Einbau der Heizung ist stets ein hydraulischer Abgleich vorzunehmen.
Dämmstoffe aus nachwachsenden Rohstoffen	Gefördert wird der Kauf von Dämmstoffen für die Wärme- und Schalldämmung auf der Basis nachwachsender Rohstoffe, die in der Förderliste-Dämmstoffe aufgelistet sind. Es gibt zwei Produktkategorien, die aus der Förderliste ersichtlich sind. Für Produkte der Kategorie 1 wird ein Zuschuss von 35 EUR/m³ Dämmstoff gewährt, für Kategorie 2 liegt der Zuschuss bei 25 EUR/m³.

Hinweise:
1. Die aufgeführten Förderungen gelten in Deutschland bundesweit. Zusätzliche regionale Förderungen sind möglich und bei der zuständigen Regionalverwaltung zu erfragen.
2. Aus Gründen der Übersichtlichkeit werden nur die im Zusammenhang mit diesem Buch wesentlichen Informationen aufgeführt. Bei Interesse informieren Sie sich bitte bei den noch aufgeführten Info-Adressen über die vollständigen Fördermöglichkeiten und wie sich verschiedene Förderungen unterstützen bzw. ausschließen (Förderungskomulation).

5.2 Förderungen und zinsgünstige Kredite

Zielgruppe	Finanzierung	Adressen und Information
Privatpersonen, Wohnungsunternehmen, Genossenschaften Gemeinden usw.	Der Finanzierungsanteil kann max. 50.000 für Öko-PLUS betragen. Konditionen: Die Auszahlung von Öko-PLUS erfolgt zu 100 %. Der Zinssatz des Darlehens wird wahlweise für einen Zeitraum von 5 oder 10 Jahren festgeschrieben. Bei Krediten mit bis zu 10 Jahren Laufzeit ist der Zinssatz fest für die gesamte Kreditlaufzeit. Bei Krediten mit längerer Laufzeit wird der Zinssatz nach 10 Jahren neu festgelegt. Die Tilgung erfolgt nach Ablauf der tilgungsfreien Anlaufjahre in vierteljährlichen Annuitäten.	KfW-Förderbank, Postfach 11 11 41 D-60046 Frankfurt Telefon: 0 18 01/33 55 77 (Infocenter) Fax: 0 69/74 31-29 44 info@kfw.de http://www.kfw-foerderbank.de Informationsstellen: KfW-Beratungszentrum Bonn Ludwig-ErhardPlatz 1-3 53179 Bonn Telefon: 02 28/8 31-0 Fax: 02 28/8 31-71 49 KfW-Beratungszentrum Berlin Behrenstraße 31, 10117 Berlin Telefon: 0 30/2 02 64-50 50 Fax: 0 30/2 02 64-54 45 Antragsstelle: frei wählbares Kreditinstitut
Eigentümer, Pächter, Mieter oder Bauträger, die förderfähige Dämmstoffe einsetzen.		Fachagentur Nachwachsende Rohstoffe e. V. (FNR), Hofplatz 1, 18276 Gülzow Telefon: 0 38 43/69 30-0 Fax: 0 38 43/69 30-1 20 info@fnr.de, http://www.fnr.de Informationsstelle: Fachagentur Nachwachsende Rohstoffe e. V. Hofplatz 1, 18276 Gülzow Telefon: 0 38 43/69 30-1 80 Fax: 0 38 43/6930-1 20 daemmstoffe@fnr.de http://www.naturdaemmstoffe.info

92

6 Energieausweis, Sinn und Zweck

6 Energieausweis, Sinn und Zweck

In den Haushalten ist die Heizenergie der Hauptanteil des Energieverbrauchs. Noch immer wird in Deutschland ein Drittel des gesamten Primärenergieverbrauchs für Raumheizung und Warmwasserbereitung aufgewendet und damit mehr als ein Drittel der Kohlendioxidemissionen verursacht. Dennoch ist, anders als bei vielen Haushaltsgeräten und Autos, der Energiebedarf von Gebäuden für ihre Nutzer meist eine unbekannte Größe. Energieausweise geben Auskunft über den Energieverbrauch eines Hauses oder einer Wohnung pro Quadratmeter Nutzfläche und Jahr. Es soll damit die Möglichkeit geschaffen werden, ähnlich den Energieeffizienzklassen bei Haushaltsgeräten oder dem Durchschnittsverbrauch von Fahrzeugen, eine objektive Information darüber zu bekommen, ob das Gebäude einen hohen oder einen niedrigen Energiebedarf hat. Die politische Absicht besteht darin, Gebäude mit schlechten Energiekennwerten kenntlich zu machen, um so den Gebäudeeigentümer zu energetisch wirksamen Modernisierungen zu motivieren.

Seit dem 1. Oktober 2007 gilt die neue Energiesparverordnung (EnEV). Der Energieausweis wird damit in mehreren Stufen vorgeschrieben bzw. eingeführt. So müssen ihn Hausbesitzer vorweisen, wenn sie ihre Immobilie vermieten oder verkaufen. Aber auch für Mieter ist es interessant, den Energieausweis zu kennen, da sie durch die Wahl einer effizienten Wohnung Geld sparen und komfortabler wohnen können. Die neuen Gesetzesregelungen in der EnEV sind vielfältig und deshalb manchmal selbst für Fachleute schwer überschaubar. Dieses Buch zeigt Ihnen die Richtung auf, egal, ob Sie Mieter oder Hausbesitzer sind.

6.1 Wer braucht einen Energieausweis?

- Hauseigentümer, die ihr Haus ausschließlich selbst nutzen, brauchen keinen Energieausweis.
- Jeder Kauf- oder Mietinteressent für eine Wohnung oder ein Haus hat das Recht auf Vorlage eines gültigen Energieausweises durch den Verkäufer oder Vermieter.
- Mieter in bestehenden Mietverhältnissen haben keinen Anspruch auf einen Energieausweis.
- Ein Energieausweis ist immer dann erforderlich, wenn ein Haus oder eine Wohnung verkauft, verpachtet bzw. neu vermietet wird.

Hausbesitzer müssen neuen Mietern und Eigentümern ab Oktober 2008 einen Energieausweis für ihr Gebäude vorlegen. Dabei besteht in einer Übergangsfrist bis 1.10.2008 noch für alle Gebäudeeigentümer die Möglichkeit, sich einen Energieausweis auf Grundlage des Energieverbrauchs (Verbrauchsausweis) erstellen zu lassen.

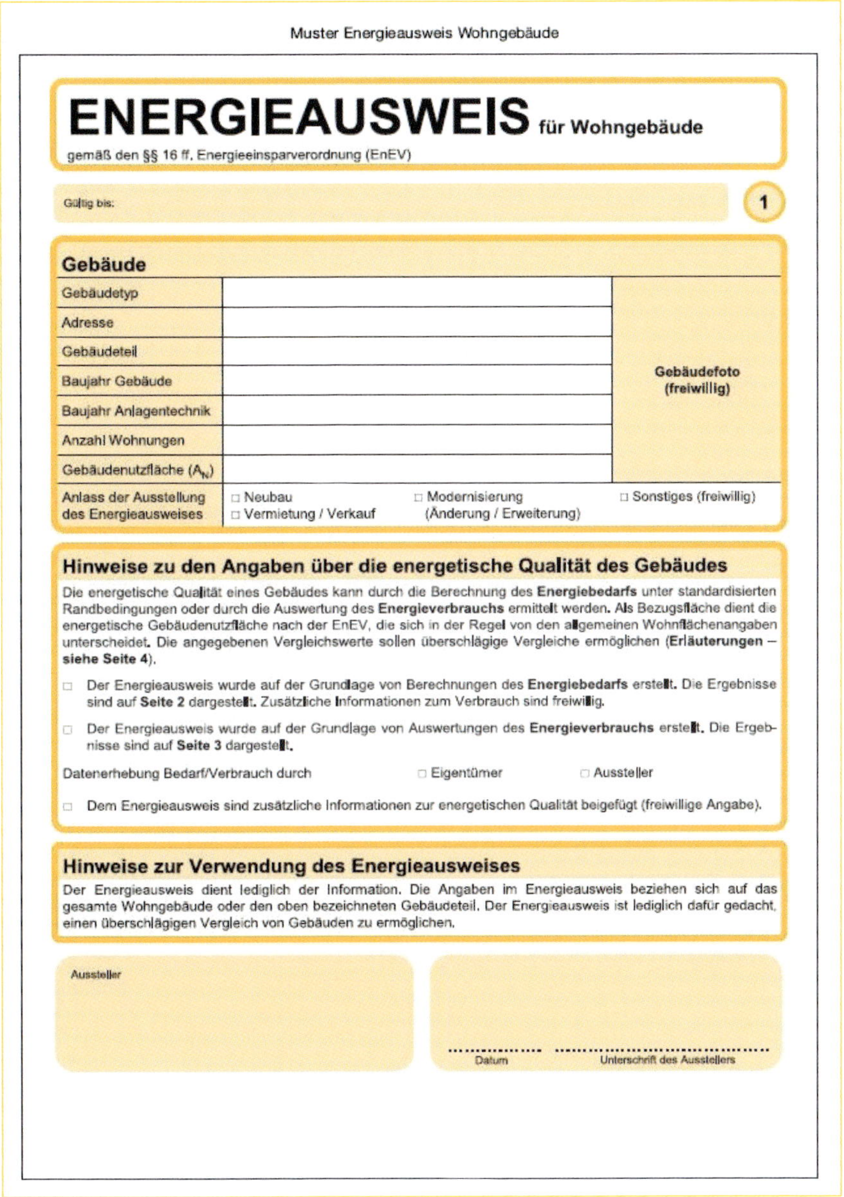

Muster Energieausweis Wohngebäude

ENERGIEAUSWEIS für Wohngebäude

gemäß den §§ 16 ff. Energieeinsparverordnung (EnEV)

Gültig bis: | 1

Gebäude

Gebäudetyp		Gebäudefoto (freiwillig)
Adresse		
Gebäudeteil		
Baujahr Gebäude		
Baujahr Anlagentechnik		
Anzahl Wohnungen		
Gebäudenutzfläche (A_N)		
Anlass der Ausstellung des Energieausweises	□ Neubau □ Vermietung / Verkauf □ Modernisierung (Änderung / Erweiterung)	□ Sonstiges (freiwillig)

Hinweise zu den Angaben über die energetische Qualität des Gebäudes

Die energetische Qualität eines Gebäudes kann durch die Berechnung des **Energiebedarfs** unter standardisierten Randbedingungen oder durch die Auswertung des **Energieverbrauchs** ermittelt werden. Als Bezugsfläche dient die energetische Gebäudenutzfläche nach der EnEV, die sich in der Regel von den allgemeinen Wohnflächenangaben unterscheidet. Die angegebenen Vergleichswerte sollen überschlägige Vergleiche ermöglichen (**Erläuterungen – siehe Seite 4**).

□ Der Energieausweis wurde auf der Grundlage von Berechnungen des **Energiebedarfs** erstellt. Die Ergebnisse sind auf **Seite 2** dargestellt. Zusätzliche Informationen zum Verbrauch sind freiwillig.

□ Der Energieausweis wurde auf der Grundlage von Auswertungen des **Energieverbrauchs** erstellt. Die Ergebnisse sind auf **Seite 3** dargestellt.

Datenerhebung Bedarf/Verbrauch durch □ Eigentümer □ Aussteller

□ Dem Energieausweis sind zusätzliche Informationen zur energetischen Qualität beigefügt (freiwillige Angabe).

Hinweise zur Verwendung des Energieausweises

Der Energieausweis dient lediglich der Information. Die Angaben im Energieausweis beziehen sich auf das gesamte Wohngebäude oder den oben bezeichneten Gebäudeteil. Der Energieausweis ist lediglich dafür gedacht, einen überschlägigen Vergleich von Gebäuden zu ermöglichen.

Aussteller

Datum Unterschrift des Ausstellers

Abb. 6.1 – Energieausweis (Quelle: dena/BMVBS).

6.2 Welcher Ausweis ist erforderlich?

In welchem konkreten Zeitraum Energieausweise gesetzlich zur Pflicht werden, hat der Bundesrat am 8.6.2007 beschlossen. Der Zeitraum richtet sich unter anderem nach dem Gebäudebaujahr und der Gebäudeart. Dazu kommt noch die Tatsache, dass es zwei verschiedene Arten von Energieausweisen gibt, und zwar den:

a) Energieausweis auf Grundlage des Energiebedarfs (Bedarfsausweis)
und den
b) Energieausweis auf Grundlage des Energieverbrauchs (Verbrauchsausweis)

Umgangssprachlich wird von dem *Bedarfsausweis* und dem *Verbrauchsausweis* gesprochen.

Ein verbrauchsbasierter Energieausweis kann besonders günstig erstellt werden, weil er aus den bekannten Verbrauchsdaten der Heizkostenabrechnungen (Nebenkostenabrechnen) der letzten drei Jahre hergeleitet wird. Beim bedarfsbasierten Energieausweis ist eine aufwendigere und deshalb teurere Begutachtung des Gebäudes vor Ort erforderlich. Die genaueren Unterschiede werden später noch erläutert.

Besteht Wahlfreiheit, sollten Sie sich überlegen, welcher Ausweis für Sie und Ihr Vorhaben mehr Sinn macht. Der Sinn lässt sich an folgender Darstellung eines identischen Hauses, das von unterschiedlichen Nutzern bewohnt wird, darstellen:

a) Ein Einfamilienhaus, von einem jungen Paar bewohnt. Beide sind berufstätig, selten zu Hause, dadurch werden kaum Heizenergie, Warmwasser und Strom verbraucht.
b) Dasselbe Haus, in der gleichen Siedlung, bewohnt von einem Paar mit 3 Kindern, ein Elternteil ist fast ständig zu Hause, die Wohnung wird bei entsprechenden Außentemperaturen ganztägig beheizt, der Verbrauch an Energie und warmem Wasser ist natürlich höher als bei a).

Mit dem *Bedarfsausweis*, der sich auf die Energieeffizienz des Gebäudes bezieht, wäre das Ergebnis in beiden Fällen nahezu gleich. Mit dem *Verbrauchsausweis*, der die Verbrauchsgewohnheiten der Bewohner zugrunde legt, ergeben sich gravierende Unterschiede, obwohl es sich um das selbe Haus handelt.

Der Verbrauchausweis ist zwar preiswerter und einfacher zu erstellen, hat aber im Fall einer Vermietung oder eines Haus(ver)kaufs kaum objektive Aussagekraft.

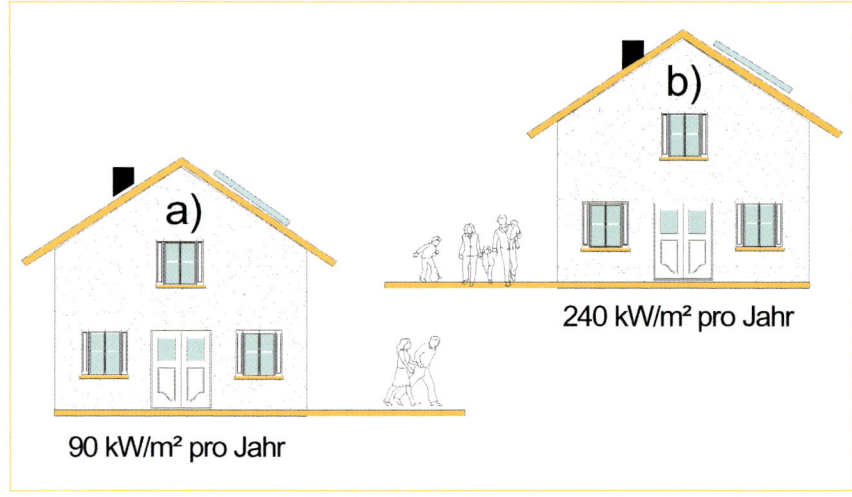

Abb. 6.2 – Zwei identische Häuser mit unterschiedlichen Nutzern und unterschiedlichen Ergebnissen (Verbrauchsausweis).

6.3 Der Energieausweis kurz und bündig

Wann welcher Energieausweis erforderlich ist

- Ab 1. Juli 2008 für Häuser, die vor 1965 gebaut wurden. Eigentümer von Gebäuden mit mehr als vier Wohnungen können zwischen einem Energieverbrauchs- oder einem Energiebedarfsausweis wählen.
- Für Wohngebäude ab Baujahr 1965 wird der Energieausweis ab 1. Januar 2009 zur Pflicht.
- Ab 1. Oktober 2008 benötigen Häuser mit bis zu vier Wohneinheiten, deren Bau vor dem 1. November 1977 beantragt wurde, einen Energiebedarfsausweis.
- Ab 1. Juli 2009 gilt die Ausweispflicht für Nichtwohngebäude. Es besteht Wahlfreiheit zwischen Energie*verbrauchs*- und Energie*bedarfs*ausweis.
- Wer sich bis zum 30. September 2008 einen Energieausweis ausstellen lässt, kann zwischen einem Bedarfs- und einem Verbrauchsausweis wählen, egal wie alt sein Haus ist.
- Bei Neubauten muss dem Eigentümer des Gebäudes auch bisher schon ein Energiebedarfsausweis ausgestellt werden.

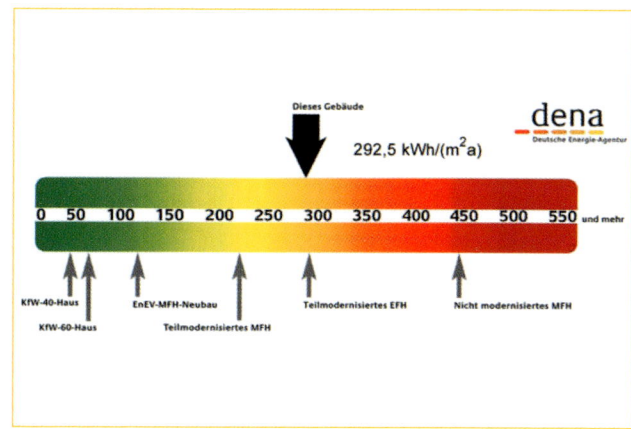

Abb. 6.3 – Label von Energieausweis (Quelle: dena/BMVBS).

6.4 Ausweisart, Fristen, Gültigkeit, Kosten

Energieausweise auf Grundlage des Energiebedarfs (Bedarfsausweise) sind für Gebäude mit weniger als fünf Wohnungen vorgeschrieben, die mit einem Bauantrag vor dem 1. November 1977 errichtet und nicht mindestens auf das Anforderungsniveau der ersten Wärmeschutzverordnung (WSVO) von 1977 modernisiert wurden. Auch wer künftig Mittel aus staatlichen Förderprogrammen zur energetischen Sanierung seines Gebäudes bekommen möchte, muss einen Bedarfsausweis vorlegen.

Energieausweise auf Grundlage des Energieverbrauchs (Verbrauchsausweise) sind in allen anderen Fällen zulässig, also bei Gebäuden mit mehr als fünf Wohnungen und einem Bauantrag nach dem 1. November 1977.

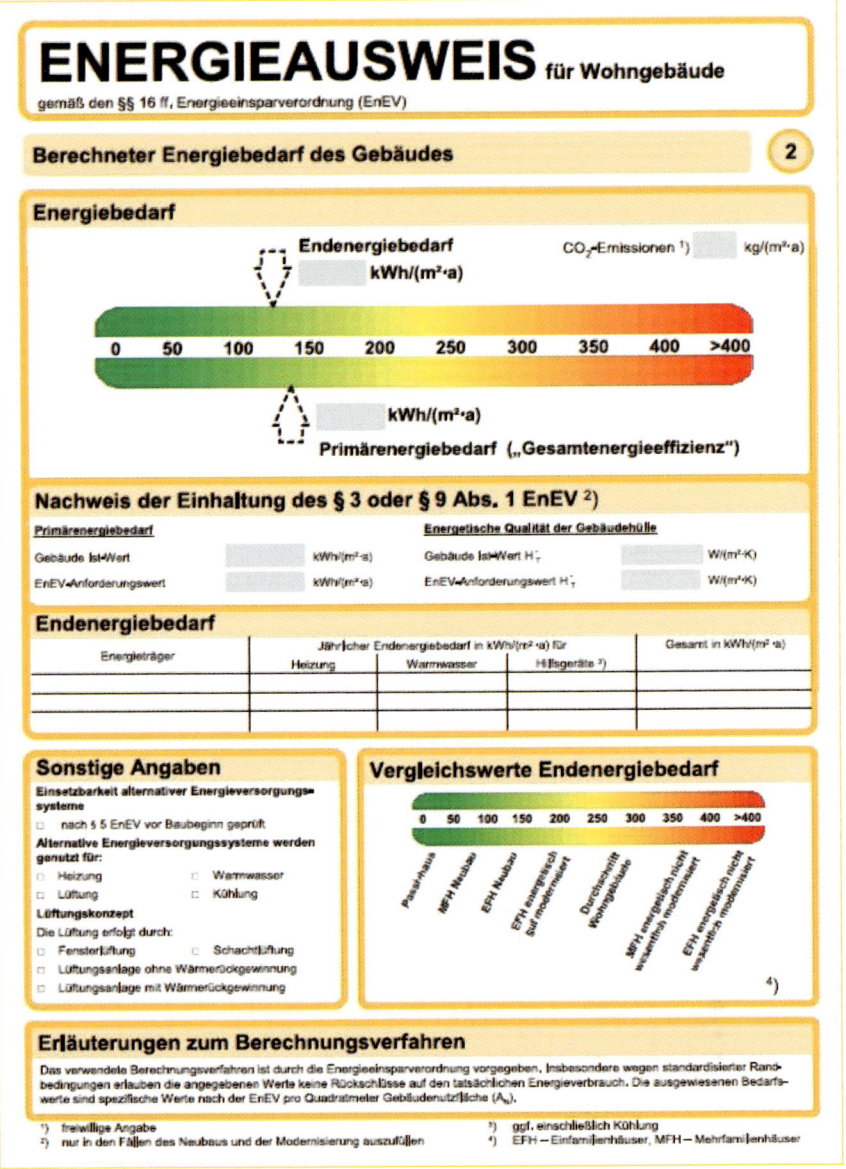

Abb. 6.4 – Bedarfsausweis (Quelle: dena/BMVBS).

6.4 Ausweisart, Fristen, Gültigkeit, Kosten

Wahlfreiheit
Die Wahlfreiheit zwischen beiden Varianten hat der Gebäudeeigentümer in der Übergangsfrist bis zum 1.10.2008. Unabhängig von Gebäudegröße und Baujahr kann bis September 2008 für jedes Gebäude ein verbrauchsbasierter Energieausweis erstellt werden.

Wie lange gilt ein Energieausweis?
Der Energieausweis ist ab dem Ausstellungsdatum 10 Jahre gültig. Wenn Sie dazwischen energetische Verbesserungen an Ihrem Gebäude durchführen, ist es allerdings sinnvoll vor Ablauf der 10 Jahre einen neuen Energieausweis erstellen zu lassen, um die energetischen Vorteile und Verbesserungen gegenüber Käufern und Mietern auch darstellen und nachweisen zu können.

Sind ältere „Energieausweise" weiterhin gültig?
Ausweise, die aufgrund der Verordnungen 2001 und 2004 (Energieeinsparverordnung oder der Wärmeschutzverordnung) erstellt wurden, werden dem Energieausweis gleichgestellt. Es handelt sich dabei z. B. um den Energiepass, Energie-Spar-Checks, Vor-Ort-Beratung des BAFA usw. Diese gelten ebenfalls 10 Jahre ab dem Tag der Ausstellung.

Kosten der Energieausweise
a) Energieausweis auf Grundlage des Energiebedarfs (Bedarfsausweis)
   Da hier sehr viele Gebäudegrundlagen und Eigenschaften zu ermitteln sind, hängen die Kosten vom Aufwand bezüglich der Gebäudegröße und Gebäudeart ab. Kosten von 150 bis 300 € sind angemessen.
b) Energieausweis auf Grundlage des Energieverbrauchs (Verbrauchsausweis)
   Hier werden die Heizkosten der letzten drei Jahre verwendet. Damit wird über die Nutzfläche der Heizbedarf errechnet. Dieser Aufwand ist pro Einheit gleichbleibend, somit sind Preise im Bereich von 30 bis 50 € angemessen.

ENERGIEAUSWEIS für Wohngebäude

gemäß den §§ 16 ff. Energieeinsparverordnung (EnEV)

Erfasster Energieverbrauch des Gebäudes

3

Energieverbrauchskennwert

Dieses Gebäude:

kWh/(m²·a)

0 50 100 150 200 250 300 350 400 >400

Energieverbrauch für Warmwasser: ☐ enthalten ☐ nicht enthalten

☐ Das Gebäude wird auch gekühlt; der typische Energieverbrauch für Kühlung beträgt bei zeitgemäßen Geräten etwa 6 kWh je m² Gebäudenutzfläche und Jahr und ist im Energieverbrauchskennwert nicht enthalten.

Verbrauchserfassung – Heizung und Warmwasser

Energieträger	Zeitraum		Energie-verbrauch [kWh]	Anteil Warm-wasser [kWh]	Klima-faktor	Energieverbrauchskennwert in kWh/(m²·a) (zeitlich bereinigt, klimabereinigt)		
	von	bis				Heizung	Warmwasser	Kennwert
							Durchschnitt	

Vergleichswerte Endenergiebedarf

0 50 100 150 200 250 300 350 400 >400

Passivhaus; MFH Neubau; EFH Neubau; EFH energetisch gut modernisiert; Durchschnitt Wohngebäude; MFH energetisch nicht wesentlich modernisiert; EFH energetisch nicht wesentlich modernisiert [1)]

Die modellhaft ermittelten Vergleichswerte beziehen sich auf Gebäude, in denen die Wärme für Heizung und Warmwasser durch Heizkessel im Gebäude bereitgestellt wird.

Soll ein Energieverbrauchskennwert verglichen werden, der keinen Warmwasseranteil enthält, ist zu beachten, dass auf die Warmwasserbereitung je nach Gebäudegröße 20 – 40 kWh/(m²·a) entfallen können.

Soll ein Energieverbrauchskennwert eines mit Fern- oder Nahwärme beheizten Gebäudes verglichen werden, ist zu beachten, dass hier normalerweise ein um 15 – 30 % geringerer Energieverbrauch als bei vergleichbaren Gebäuden mit Kesselheizung zu erwarten ist.

Erläuterungen zum Verfahren

Das Verfahren zur Ermittlung von Energieverbrauchskennwerten ist durch die Energieeinsparverordnung vorgegeben. Die Werte sind spezifische Werte pro Quadratmeter Gebäudenutzfläche (A_N) nach Energieeinsparverordnung. Der tatsächliche Verbrauch einer Wohnung oder eines Gebäudes weicht insbesondere wegen des Witterungseinflusses und sich ändernden Nutzerverhaltens vom angegebenen Energieverbrauchskennwert ab.

1) EFH – Einfamilienhäuser, MFH – Mehrfamilienhäuser

Abb. 6.5 – Verbrauchsausweis (Quelle: dena/BMVBS).

6.5 Vorschriften, Übergangsvorschriften

Wer darf den Ausweis ausstellen:
Energieausweise können Personen und Institutionen wie z. B. Architekten oder Energieberater ausstellen und alle, die ein zulassungspflichtiges Bau-, Ausbau- oder anlagentechnisches Gewerbe oder Studium haben. Dazu kommen das Schornsteinfegerwesen und Handwerksmeister aus zulassungspflichtigen und zulassungsfreien Handwerken.

Ein amtlicher Nachweis für die Ausstellungsbefugnis besteht nicht.
Entscheidend sind fundierte Kenntnisse im Bereich der Bauphysik, Klimakunde, Gebäudeenergietechnik, Anlagentechnik und Thermodynamik. Auch die Urkunde zum Gebäudeenergieberater berechtigt zum Ausstellen der Energieausweise. Egal, wer den Energieausweis ausgestellt hat, diese Person (oder Institution) kann

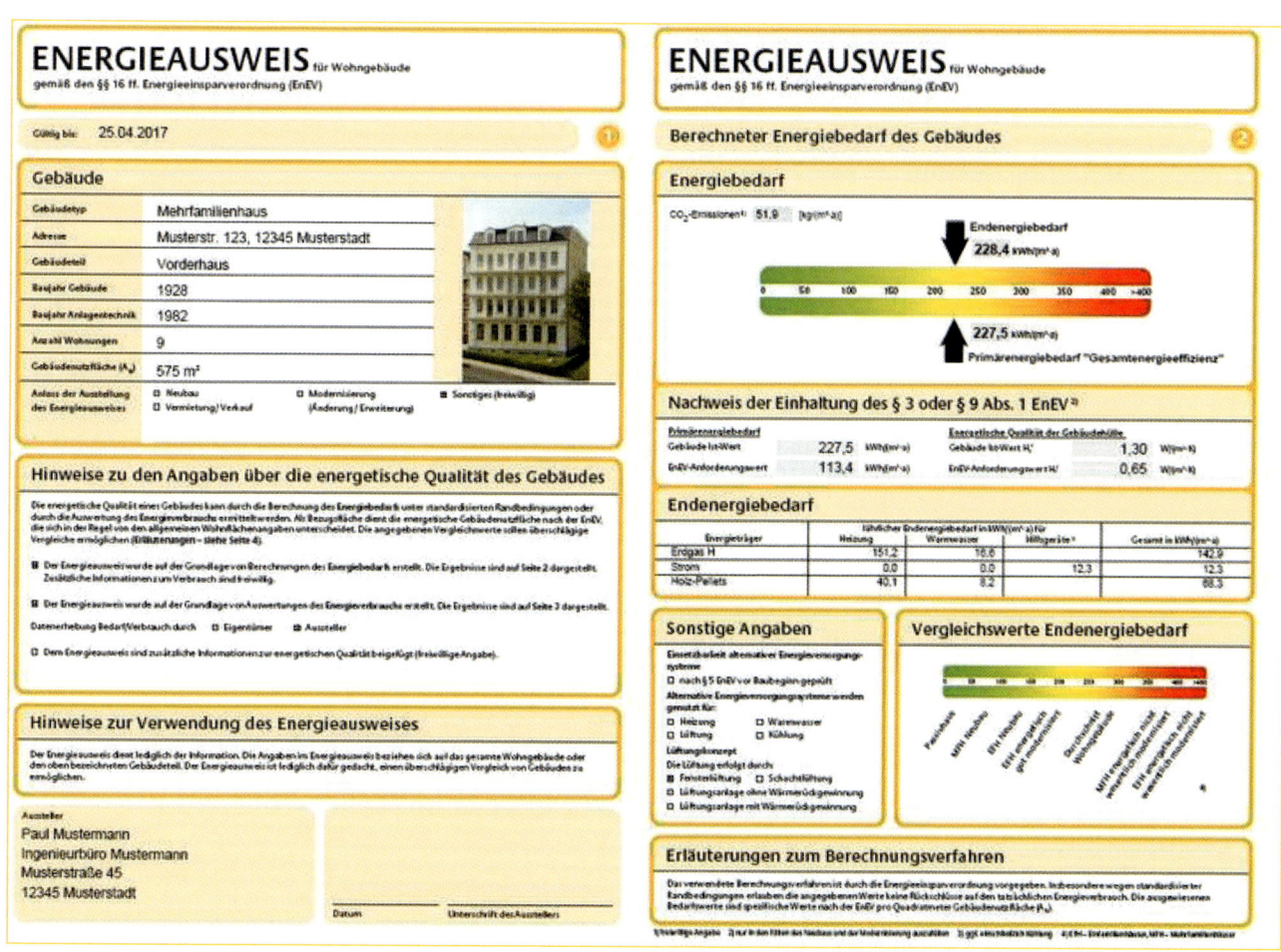

Abb. 6.6 – Verbrauchsausweis als Beispiel für ein Mehrfamilienhaus (Quelle: dena BMVBS).

6.5 Vorschriften, Übergangsvorschriften

(z. B. bei Fehlinformationen) voll und ganz haftbar gemacht werden. Als Beispiel: Ein Käufer erwirbt aufgrund eines energetisch günstigen Ausweises eine Immobilie, bei der sich aber herausstellt, dass diese schlechtere Werte hat, als im Ausweis angegeben. Stellt ein Gutachter nun fest, dass der Ausweis unrichtig erstellt wurde, kann sich der Geschädigte mit seinen Schadensersatzansprüchen an den Ausweisaussteller halten.

Adressen von Ausstellern erhalten Sie z. B. bei der dena (*www.dena.de*) oder bei regionalen Kammern und Vereinen wie z. B. der Landes-Architektenkammer und dem Verein der Gebäudeenergieberater (*www.gih-bw.de*).

Bei der Ausstellung des Energieausweises wird zusätzlich zwischen Wohngebäuden, die nach ihrer Zweckbestimmung überwiegend zum Wohnen dienen, und Gebäuden, in denen nicht gewohnt wird, wie z. B. Lagerhallen, Werkstätten, Hotels usw. unterschieden. Dies hat den Grund in der unterschiedlichen Nutzung.

Neu zu errichtende Wohngebäude und neu zu errichtende Nichtwohngebäude sind so auszuführen, dass der Jahresprimärenergiebedarf für die Heizung, die Warmwasserbereitung und die Lüftung bestimmte vorgegebene Höchstwerte nicht überschreiten darf.

Empfehlung

Verlangen Sie vom Aussteller noch vor der Erstellung des Energieausweises eine Vor-Ort-Begehung. Auf diese Weise können die Gebäudedaten und der bauliche Zustand des Gebäudes besser erfasst und die Modernisierungsempfehlungen präziser ermittelt werden. Je ausführlicher die Sanierungshinweise sind und je gründlicher die Datenerfassung ist, desto besser sind Qualität und Aussagekraft des Energieausweises.

6.6 Vorsicht, Falle

Vorsicht bei günstigen Angeboten, die z. B. über das Internet ausgefüllt werden können, bei der Anfertigung von verbrauchsbasierten Energieausweisen und Online-Ausweisen. Durch die fehlende Unterschrift gilt dieser Ausweis nicht als Urkunde (Haftungsproblematik).

Zum Teil bewerben Firmen im Internet mit Billigangeboten die Erstellung von Energieausweisen für Gebäude. Die Eigentümer werden aufgefordert, einen Internetfragebogen über den Energieverbrauch der letzen drei Jahre auszufüllen und wenig später wird der fertige „Energieausweis" per E-Mail oder Post zugesandt. Kein Vor-Ort-Termin, kein großer Aufwand – allerdings oftmals auch kein gültiger Energieausweis. Der Energieausweis erweist sich möglicherweise als eine Mogelpackung und ist ungültig. Wenn Sie darauf hereinfallen, können Sie eine böse Überraschung erleben. Die Vorlage eines nicht vollständigen Ausweises kann mit Bußgeldern von bis zu 15.000 € geahndet werden.

Folgende Kriterien helfen, das Angebot zu beurteilen: Dem Energieausweis müssen individuelle Modernisierungsempfehlungen beigefügt (angeboten) werden – egal, ob er auf gemessenen Verbrauchswerten oder dem rechneri-

Muster Modernisierungsempfehlungen

Modernisierungsempfehlungen zum Energieausweis
gemäß § 20 Energieeinsparverordnung

Gebäude

Adresse		Hauptnutzung / Gebäudekategorie	

Empfehlungen zur kostengünstigen Modernisierung ☐ sind möglich ☐ sind nicht möglich

Empfohlene Modernisierungsmaßnahmen

Nr.	Bau- oder Anlagenteile	Maßnahmenbeschreibung

☐ weitere Empfehlungen auf gesondertem Blatt

Hinweis: Modernisierungsempfehlungen für das Gebäude dienen lediglich der Information. Sie sind nur kurz gefasste Hinweise und kein Ersatz für eine Energieberatung.

Beispielhafter Variantenvergleich (Angaben freiwillig)

	Ist-Zustand	Modernisierungsvariante 1	Modernisierungsvariante 2
Modernisierung gemäß Nummern:			
Primärenergiebedarf [kWh/(m²·a)]			
Einsparung gegenüber Ist-Zustand [%]			
Endenergiebedarf [kWh/(m²·a)]			
Einsparung gegenüber Ist-Zustand [%]			
CO_2-Emissionen [kg/(m²·a)]			
Einsparung gegenüber Ist-Zustand [%]			

Aussteller

Datum   Unterschrift des Ausstellers

Abb. 6.7 – Modernisierungsempfehlungen als Anlage zum Energieausweis.

6.6 Vorsicht, Falle

schen Energiebedarf beruht. Dazu benötigt der Aussteller die vorhandene Heiztechnik und die Qualität und Dicke von Wänden und Fenstern. Dies kann er eigentlich nur vor Ort prüfen. Fehlen die Sanierungstipps, ist der Energieausweis ungültig. Eine Vereinbarung zwischen Eigentümer und Aussteller zum Ausschluss der Modernisierungsempfehlungen ist nicht zulässig.

Die Ermittlung und Aufnahme der Gebäudedaten
Die Gebäudemaße und der Energieverbrauch können und dürfen vom Eigentümer zwar selbst erhoben und an den Energieausweisaussteller übermittelt werden. Allerdings ist der Aussteller gesetzlich verpflichtet zu überprüfen, ob diese Angaben plausibel sind.

6.7 Ausnahmen und Befreiung

Ausnahmen und Befreiungen sind, wie alle anderen Verordnungen, im Bundesgesetzblatt – § 24 Ausnahmen und § 25 Befreiung – geregelt.

Diese beziehen sich auf das Erscheinungsbild, z. B. von Baudenkmälern oder sonstiger besonders erhaltenswerter Bauten, die durch Dämmmaßnahmen beeinträchtigt würden oder wo die Dämmung zu einem unverhältnismäßigen Aufwand führen würde. Dann kann von den ansonsten verbindlichen Vorgaben (die durch die EnEV geregelt sind) abgewichen werden. Es wird ebenfalls darauf hingewiesen, dass, wenn die Ziele der EnEV auch durch andere Maßnahmen erreicht werden können (z. B. durch eine Solaranlage), Ausnahmen möglich sind. Ausnahmen und Befreiungen werden auf Antrag von der regionalen Baubehörde (Landesrecht) erteilt. Die Befreiungen sind vor allem dann interessant, wenn Sie attraktive Förderungen für Sanierungsmaßnahmen am Baudenkmal nutzen möchten.

6.8 Wie können Sie vorarbeiten?

Vorarbeiten und für den Energieausweis Punkte sammeln, können Sie dadurch, dass Sie Ihre Immobilie wie im Buch beschrieben energetisch verbessern. Auch können Sie vorab – anhand eines Ermittlungsbogens – die für den Energieausweis erforderlichen Angaben zusammentragen. Die Gebäudemaße und der Energieverbrauch können und dürfen vom Eigentümer selbst erhoben und an den Energieausweis-Aussteller übermittelt werden. Allerdings ist der Aussteller gesetzlich verpflichtet zu überprüfen, ob diese Angaben plausibel sind.

Gebäudedaten ermitteln
Wenn Sie sich dazu entschlossen haben einen Verbrauchsausweis anfertigen zu lassen, reicht es, wenn Sie den Heizenergieverbrauch der letzten 3 Jahre aus Ihren Unterlagen heraussuchen.

Beim Bedarfsausweis braucht es sehr viel umfangreichere Angaben. Diese können Sie vorab in aller Ruhe zusammentragen. Dabei ist es sinnvoll die Baugesuchsunterlagen (sofern vorhanden) ebenfalls heraus zu suchen. Hierin finden Sie viele erforderliche Angaben zu den Abmessungen und der Art Ihres Gebäudes wie z. B. die Wohnfläche (Grundriss), die Gebäudeform (Ansichten und Schnitte), die Dachform (Ansichten und Schnitte) und die Ausrichtung des Gebäudes (Lageplan).

Die Angaben zur Heizungsanlage können Sie z. B. anhand des Typenschildes oder vorhandener Serviceunterlagen ermitteln.

Ermittlungsbogen für Gebäudeenergieausweis:

Energiebedarfsausweis

Gebäudebaujahr:	z. B. 1975	....
Anschrift Immobilie:	Strasse	....
	Ort	....
Anschrift Eigentümer(in):	Name	....
	Strasse	....
	Ort	....
	Tel. Nr.	....
Haustyp:	Freistehend	(ja/nein)
	Doppelhaushälfte	
	Reihen-	
	Mittel-	
	Endhaus	
Himmelsrichtung:	Kurz beschreiben, z. B. der	
	Dachfirst verläuft von Nordwest	
	nach Südost	....
		....
		....
		....
Dachform:		
(nur angeben, wenn beheizt)	Satteldach	(ja/nein)
	Walmdach	
	Flachdach	
	Pultdach	
	Kniestockhöhe	
	Raumhöhe	
	Evtl. Zeichnung	
Dachgauben:	Anzahl und jeweilige Länge messen	....
Gebäude:	Geschosszahl (ohne Dachgeschoss und Keller)	....
	Mittlere Geschosshöhe	....
	Wohnfläche	....
Fenster:	Bauart	
(einfach- doppel- Thermoglas)		....
	Baujahr	....
Anzahl nicht messen, außer	U-Wert	
unverhältnismäßig hoher	(wenn bekannt)	....
Fensteranteil		
(mehr als 20% zu den Wänden)		
Außenwände:	Dicke	....
	Wandaufbau	....
Keller.	Beheizt (Anteil)?	....
	Außenwand oberhalb Erdreich (m oder m²)	....
Heizung:	Baujahr	....
	Kessel, Brenner	....
	Brennstoff(e)	....
		....
	Heizwassertemperatur (°C)	....
	Art Warmwasserbereitung	....
Solaranlage:	Warmwasser	(ja/nein)
	Heizungsunterstützung	

7 Hinweise für Eigentümer, Vermieter und Mieter

7.1 Nutzen

Sind Sie Hauseigentümer und vermieten oder verkaufen Ihre Immobilie, wird ein positiver Energieausweis Einfluss auf die Höhe des Verkaufspreises und der Miete haben. Denn Ihr Käufer oder Mieter wird in Zukunft sehr genau hinschauen, wie effizient das Haus oder die Wohnung ist, welche Nebenkosten bezüglich der Heizung auf ihn zukommen werden oder ob das Haus energetisch ein Leckerbissen ist.

Sind Sie Mieter, sind die Heizkosten ein wesentlicher Kostenanteil der Nebenkosten, die jeden Monat bezahlt werden müssen. Je besser die Werte sind, desto weniger Nebenkosten sind zu bezahlen. Dafür sind Sie als Mieter möglicherweise sogar bereit, eine angemessen höhere Miete zu bezahlen. Abgesehen von geringeren Heizungskosten ist die gut gedämmte Wohnung im Winter mollig warm und im Sommer angenehm kühl.

7.2 Rechte und Pflichten

Bei einer Vermietung, Verpachtung oder beim Verkauf eines Gebäudes hat der Verkäufer oder Vermieter dem Interessenten den Energieausweis entsprechend des Gesetzes zugänglich zu machen. Energieausweise sind nur für Neuvermietungen erforderlich. Ein bestehendes Mietverhältnis wird davon nicht berührt. Die Kosten für den Energieausweis dürfen nicht auf den Mieter umgelegt werden. Ein Käufer oder Mieter kann den Energieausweis vor Vertragsabschluss einsehen.

7.3 Richtiges Lüften

Wenn das Haus gut gedämmt wurde und alle erkennbaren Undichtigkeiten abgedichtet sind, spielt das richtige Lüften noch eine wichtige Rolle. Für die Bewohner muss ein ausreichender Luftaustausch gewährleistet sein, um zu hohe Kohlendioxidbelastung, Luftfeuchte, Schimmelbildung und zu hohe Schadstoffkonzentrationen zu vermeiden.

Von Raumhygieneexperten werden vier bis sechs Stoßlüftungen am Tag durch das komplette Öffnen der Fenster für ca. zehn Minuten empfohlen. In der Praxis ist aber ein optimal definierter und kontrollierter Luftaustausch über eine Fensterlüftung kaum möglich. So ist der Luftwechsel bei gleicher Fensteröffnungszeit umso größer, je höher die Windgeschwindigkeit ist und je tiefer die Außentemperaturen sind. Deswegen sollten die Fenster im Winter kürzer geöffnet werden. Zudem wird der Luftwechsel von der Anzahl und der Lage der geöffneten Fenster sowie den Undichtigkeiten im Gebäude beeinflusst. Aufgrund dieser Faktoren können sich durch entsprechende Lüftungsgewohnheiten entweder eine schlechte Raumluftqualität oder ein zu hoher Heizenergieverbrauch ergeben. Zudem kann es bei der Fensterlüftung zu Zugluft und unangenehmer Fußkälte kommen.

Wenn Sie unsicher sind, ob richtig gelüftet wurde, ist es sinnvoll ein Hygrometer zu kaufen. Mit diesem Luftfeuchtigkeitsmesser können Sie überwachen, ob die zulässige Luftfeuchtigkeit zu hoch ist. Die relative Luftfeuchtigkeit sollte möglichst zwischen 40 % und maximal 60 % liegen. Hygrometer gibt es im Handel bereits für unter 10 € zu kaufen (z. B. Conrad-Electronic). Eine Alternativlösung zum manuellen Lüften ist eine Lüftungsanlage (kontrollierte Lüftung), wobei hier die Luft automatisch ausgetauscht wird. Die Wärme wird dabei der abgeführten Luft entzogen (Wärmerückgewinnung) und der zugeführten frischen Luft wieder beigefügt (systemabhängig). Manuelles Lüften und offene Fenster sind dann allerdings weder erforderlich noch erwünscht.

Lüftungsanlagen sind auf eine absolut luftdichte Gebäudehülle angewiesen, um optimal funktionieren zu können.

7.3 Richtiges Lüften

Kurzes Stoßlüften oder Querlüften ist die beste Art der Fensterlüftung. Dadurch vermeiden Sie hohe Energieverluste und Auskühlung der Bauteile. Gezielt und innerhalb kürzester Zeit kann ein Luftaustausch – und damit die Auslüftung des überschüssigen Wasserdampfs – erreicht werden.

Lüftungstipp (10-Liter-Haus)

Bei manueller Fensterlüftung (Windstille) lüften Sie am besten bezogen auf die Jahreszeit und Außentemperatur mit einem oder zwei ganz geöffneten Fenstern:

von Dezember bis Februar: 2 bis 5 Minuten

von März bis April und Oktober bis November: 5 bis 10 Minuten

von Mai bis September: 10 bis 15 Minuten

Lassen Sie die Räume dabei nicht zu sehr auskühlen.

8 Anhang

8.1 Kriterien bei der Auswahl von Handwerkern

Haben Sie sich entschieden, Ihrem Haus „einen neuen Mantel oder eine gute Mütze zu verpassen" oder eine neue Gebäudetechnik installieren zu lassen, stellt sich die Frage, welche Firma dafür infrage kommt. Die Recherche nach dem richtigen Handwerker beginnt. Am besten schauen Sie in der Umgebung nach Baustellen, die Ihrer Maßnahme entsprechen. Dann können Sie gleich dem Handwerker bei der Arbeit zuschauen. Oder aber Sie fragen im Bekanntenkreis und schauen nach Adressen im Branchenverzeichnis oder im Internet. Haben Sie sich für mindestens 2 bis max. 5 Firmen entschieden, können die nächsten Schritte folgen. Wenn Sie die kompletten Arbeiten oder Teile der Arbeiten von einer Fachfirma ausführen lassen wollen, ist es gut, einige grundsätzliche Punkte zu beachten:

1. Werden Sie sich vorab über den Leistungsumfang klar, den Sie vergeben wollen.
2. Beschreiben Sie den Zustand des Objektes und den Leistungsumfang. Dabei sind die erforderlichen Maße grob zu ermitteln und zu notieren – am besten Positionsweise mit klaren Abtrennungen und Leistungsangaben. Wenn es Ihnen schwerfällt, holen Sie sich Unterstützung, z. B. durch einen Architekten.
3. Holen Sie die Angebote unbedingt mit identischem Leistungsumfang ein, ansonsten können Sie die Angebote nur ungenügend vergleichen.
4. Fragen Sie den Handwerker nach Referenzen in Ihrer Umgebung (vergleichbare Projekte).
5. Rufen Sie die Referenzen an und fragen Sie nach, wie der Auftrag ausgeführt wurde und welche Probleme es gegeben hat.
6. Machen Sie mit dem Handwerker einen Termin vor Ort aus und beobachten Sie, wie er sich Ihr Haus anschaut: eher oberflächlich mit allgemeinen Aussagen oder mit Sachverstand und konkreten Hinweisen?
7. Sprechen Sie die Möglichkeit an, Anteile der Arbeiten selbst auszuführen, schauen Sie wie der Handwerker reagiert.
8. Achten Sie auf Ihr Gefühl: Ist der Handwerker vertrauenswürdig?
9. Bei einer Beauftragung vereinbaren Sie eindeutige Termine (mit Tag, Monat und Jahresangabe) für Arbeitsbeginn und Fertigstellung von Teilarbeiten und der kompletten Maßnahme.
10. Vereinbaren Sie Leistungsumfang und Preise in einem Auftragsschreiben. Vereinbaren Sie Gewährleistungsfristen (nach BGB 5 Jahre), möglicherweise auch Zahlungsmodalitäten wie Skonto, Nachlässe oder die Höhe der Abschlagszahlungen.
11. Machen Sie Abnahmen von Teilarbeiten, solange diese noch nachzuvollziehen sind. Wenn Sie die fachliche Ausführung nicht beurteilen können, holen Sie sich Hilfe (z. B. von einem Energieberater oder Architekten).
12. Behalten Sie von der letzten Rechnung (Schlussrechnung) genügend Geld zurück, bis die Endabnahme durchgeführt wurde. Möglichkeiten, um die Qualität und die Funktion der Arbeiten (Maßnahme) zu testen, finden Sie auch im nächsten Kapitel.

8.2 Worauf bei der handwerklichen Ausführung besonders zu achten ist

Achten Sie im Besonderen auf Anschlüsse der Dampfbremse, die mit Klebebändern und Dichtmassen hergestellt wurden. Werden z. B. Folien auf rauem Holz verklebt, hält diese Verbindung oft nur kurz. Unter Spannung stehende Dichtungsbahnen können im Lauf der Zeit einreißen. Ein weiteres Problem entsteht, wenn die Klebestellen nicht gründlich vom Baustaub gereinigt wurden – auch dann haben selbst gute Produkte keine ausreichende Verklebung.

Lassen Sie sich Zertifikate und Qualitätsnachweise über die verwendeten Materialien aushändigen. Bei der Prüfung holen Sie sich bei Bedarf Hilfe.

Nachträgliche Kontrollmöglichkeiten
Natürlich macht es keinen Sinn, dem Handwerker ständig auf die Finger zu schauen. Das kostet Zeit und ist für die Ausführung nicht förderlich. Stellt sich im Lauf der Bauzeit heraus, dass der Handwerker nicht vertrauenswürdig ist, gibt es Möglichkeiten, die Dämmarbeiten auch nachträglich zu überprüfen. Wurden die Fehlerstellen zügig verkleidet, sieht möglicherweise oberflächig alles perfekt aus. Ob dieser Eindruck trügt, lässt sich z. B. mit einer Blower-Door-Messung (siehe Abb. 8.2) für ein paar Hundert Euro gut überprüfen. Werden damit Mängel festgestellt, muss der Handwerker nachbessern, bis diese behoben sind. Schafft er es nicht, die Mängel ordnungsgemäß zu beheben, sollte er abgemahnt werden und die Möglichkeit haben, die Arbeiten innerhalb einer angemessenen Frist ordentlich und fachgerecht abzuschließen. Wenn er dies nicht schafft, besteht die Möglichkeit, einen weiteren Handwerker auf Kosten des ersten mit den Arbeiten zu beauftragen (wichtig bei diesem Prozedere ist es, die gesetzlich vorgeschriebenen Fristen einzuhalten). Dies macht aber nur dann Sinn, wenn ein entsprechender Betrag der Rechnung des ersten Handwerkers bis zur Kontrollprüfung einbehalten wurde.

> Selbst korrekt abgedichtete Dächer und Wände werden wieder undicht, wenn der nächste Handwerker z. B. die Leitung zur Satellitenschüssel oder das Kabel zur Außenbeleuchtung verlegt und „vergisst", die dadurch neu entstandenen Löcher in der Abdichtung zu verschließen.

> **Prinzip des Blower-Door-Test**
>
> Mit dem Blower-Door-Test kann die Luftdichtheit eines Gebäudes objektiv ermittelt werden. Dafür wird durch einen Ventilator, der in eine Tür (z. B. Terrassentür) eingedichtet wird, im Gebäude eine Druckdifferenz von 50 Pascal (Pa) gegenüber der Umgebung erzeugt. Das Messgerät, verbunden mit einem Notebook, ermittelt dann automatisch den n50-Wert, d. h., welche Luftmenge durch die Undichtigkeiten (Leckagen) pro Stunde verloren geht. Im Neubau mit Fensterlüftung darf dieser Wert das 3-fache des Luftvolumens eines Hauses nicht überschreiten (n50<=3,0 h-1). Beim Einsatz einer Lüftungsanlage (kontrollierte Lüftung) ist die Anforderung sogar noch höher. Hier sollte das 1,5-fache des Luftvolumens pro Stunde nicht überschritten werden. Bei der Unterdruckmessung lassen sich die Leckagen orten und identifizieren.

Nach der Maßnahme neu auftretende Schimmelflecken oder gar Kondenswasser können auf einen Ausführungsmangel hinweisen. Bei einer Dachdämmung zeigt ungleichmäßig vom Dach abtauender Schnee Wärmebrücken und Stellen mit unsachgemäßer Dämmung.

8.2 Worauf bei der handwerklichen Ausführung besonders zu achten ist

Offizielle Kontrollmaßnahmen

1. Die *Blower-Door*-Messung hilft, Lücken in der Dämmung und in der Dampfsperre und Dampfbremse aufzuspüren, indem eine flexible Abdichtung samt Gebläse im Türrahmen eingesetzt wird. Ein Ventilator erzeugt innerhalb des Hauses einen Unterdruck. Die Luftbewegungen (Zug) lassen sich oft schon mit bloßer Hand orten.
2. Feststellung von Wärmebrücken mithilfe der Wärmebildkamera (Thermografie). Die Thermografie ist ein Verfahren, um ein Wärmebild (Thermogramm) zu erstellen. Hierfür wird eine Spezialkamera verwendet. Diese nimmt keine natürlichen Farben auf, sondern misst die Temperaturen der aufgenommenen Oberflächen. Jedem gemessenen Temperaturpunkt wird von der Kamera eine bestimmte Farbe zugeordnet. Mithilfe der Thermografie kann ein genaues Bild über mögliche thermische Verluste (Schwachstellen) an Gebäudehüllen ermittelt werden. Zudem eignet sich das Verfahren sehr gut zur Qualitäts-

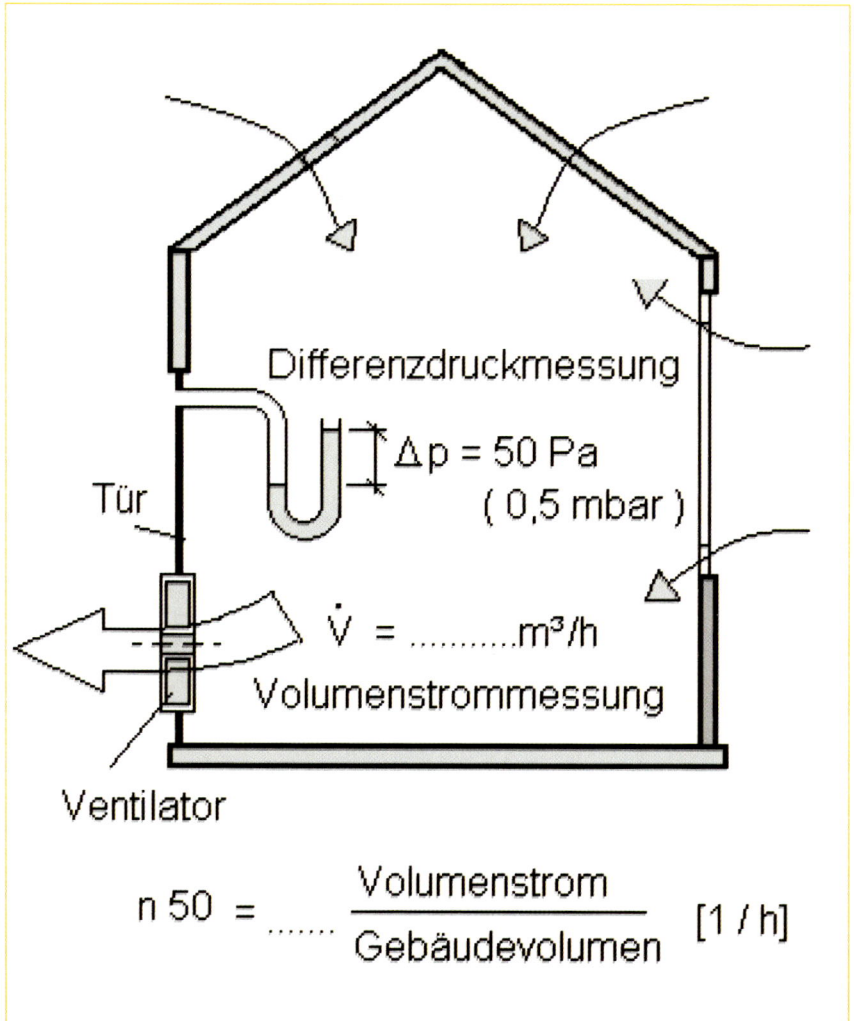

Abb. 8.1 – Prinzip des Blower-Door-Tests (Quelle: www.bauthermographie-luftdichtigkeit.de).

8.2 Worauf bei der handwerklichen Ausführung besonders zu achten ist

sicherung von Dämmmaßnahmen. Vor allem im Bereich der Übergänge zwischen einzelnen Bauwerken wie z. B. Wänden und Dach zeigt sich, ob ordentlich gearbeitet wurde.

Bei besonders schwerwiegenden Ausführungsmängeln bleibt zur Not auch noch die Möglichkeit, einen Gutachter bzw. Sachverständigen einzuschalten. Den müssen aber Sie beauftragen und auch bezahlen. Stellt sich dann heraus, dass die Arbeiten fachlich doch in Ordnung sind, bleiben Sie auf den zusätzlichen Kosten sitzen.

Abb. 8.2 – Durchführung des Blower-Door-Tests (Quelle: www.bauthermographie-luftdichtigkeit.de).

8.2 Worauf bei der handwerklichen Ausführung besonders zu achten ist

Selbst ein durch Mäuse auftretender Schaden an der Dampfsperre kann mittels Thermografie und Blower-Door-Messung analysiert und dadurch anschließend behoben werden.

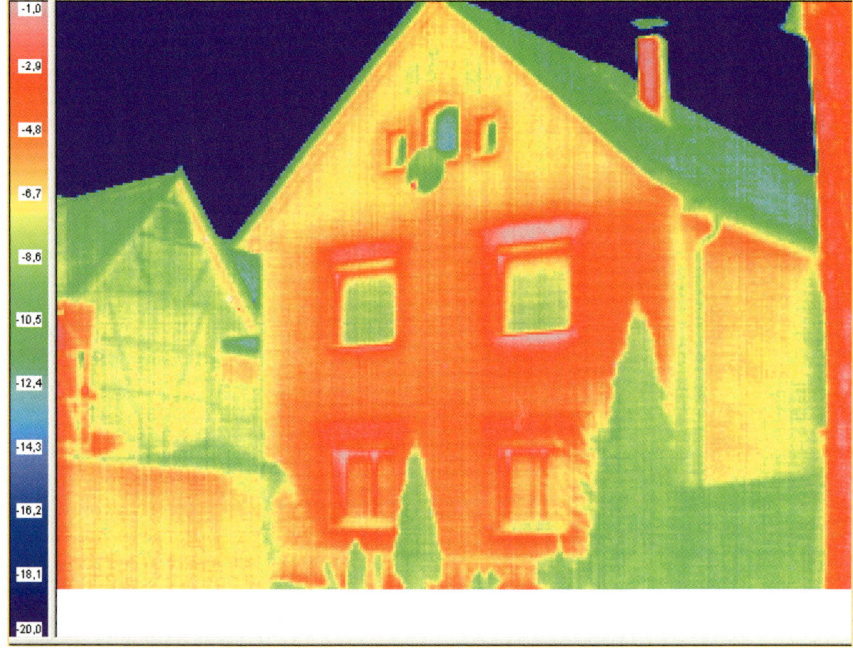

Abb. 8.3 – Eine mit der Wärmekamera gemachte Aufnahme. Zu sehen sind die Temperaturunterschiede anhand der unterschiedlichen Farben (Quelle: www.bauthermographie-luftdichtigkeit.de).

8.3 Dämmung und Solaranlage

Um die durch die Solaranlage tagsüber gewonnene solare Wärme nicht über Nacht wieder zu verlieren und auch ein paar Regentage zu überbrücken, ist die Wärmedämmung des Solarspeichers von entscheidender Bedeutung. Solarspeicher sollten daher sehr viel stärker gedämmt werden, als herkömmliche Brauchwasserspeicher. Als Dämmmaterialien sollten hochwertige und temperaturbeständige Polyurethan-, Polyäthylen- oder Polypropylenhartschäume – in Dämmstärken von mehr als 100 mm –, verwendet werden. Bei den natürlichen organischen Stoffen können auch Zellulose oder Wolle eingesetzt werden. Am besten in mehreren Schichten.

Ältere, vorhandene Speicher können so auch zusätzlich gedämmt werden. Wenn dies die Räumlichkeit zulässt, ist es besonders sinnvoll, die Speicherdämmung nach oben hin in stärkeren Dicken auszuführen. Dies deshalb, um den wärmsten Bereich des Speichers besonders zu schützen. Durch optimale Dämmung kann so der Wärmeverlust minimiert und eine effiziente Nutzung der solar gewonnenen Wärme auch zur Überbrückung von mehreren Tagen erreicht werden.

Wasserspeicher der neuesten Generation verlieren weniger als

Abb. 8.4 – Moderner Schichtenspeicher mit Dämmung. Auf dem Bild fehlt noch erforderliche Dämmung für die Verrohrung.

3° C (je nach Wasser- und Umgebungstemperatur) in 24 Stunden.

Die Solaranlage hilft auch dann, wenn die Gebäudedämmung aus Gründen z.B. des Denkmalschutzes nicht optimal ausgeführt werden kann. Durch eine, die Heizung unterstützende Solaranlage können Sie einen sinnvollen Ausgleich schaffen und auf die Jahre eine spürbare finanzielle Entlastung bei den Heizungskosten bewirken.

Aber auch als zusätzliche energiesparende Maßnahme macht die thermische Solaranlage Sinn.

Denn, Neubauten müssen laut Gesetz (EnEV) höhere Anforderungen erfüllen als bestehende Altbauten. So liegt der künftig vorgeschriebene Anteil erneuerbarer Energien

8.3 Dämmung und Solaranlage

für Neubauten im Moment bei 15 Prozent des Wärmebedarfs (Tendenz 20%). Sie sollten daher prüfen, inwieweit Sie regenerative Energien nutzen können und wollen, etwa mit einer auf dem Dach installierten Solaranlage für Warmwasser oder Heizungsunterstützung. Der maximal erlaubte Energieverbrauch für Neubauten soll spätestens ab 2009 um knapp ein Drittel niedriger liegen als bisher.

Für den Altbau gilt, wird die komplette Heizungsanlage oder auch nur Anteile davon erneuert, so sollten Sie zumindest die Überlegungen für eine zukünftige Solaranlage zur Heizungsunterstützung in die Planung mit einbeziehen. Dies gilt im Besonderen für folgende Punkte und Komponenten:

- Ein neuer Pufferspeicher
- Eine intelligente Heizungssteuerung
- Die erforderliche Leistung/Größe (weniger groß) von Brenner und Heizkessel
- Der Flächenbedarf für den Heizstoffvorrat (kann geringer werden)
- Die Leitungen für die Solaranlage vom Dach zum Keller

Die Einbeziehung solarer Technik ist nicht nur ökologisch sinnvoll, sondern spart Ihnen langfristig auch viel

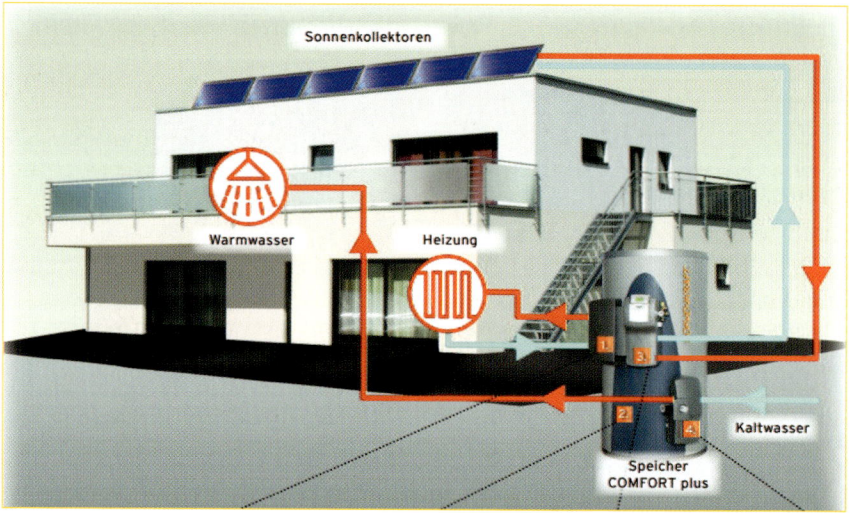

Abb. 8.5 – Prinzip solare Heizungsunterstützung (1) Pumpstation Heizung, (2) Speicher, (3) Solarstation, (4) Frischwasserstation für das warme Brauchwasser (Quelle: Sonnenkraft GmbH).

Geld und macht Sie unabhängiger! Thermische Solaranlagen ab 10 m² Kollektorfläche und mit einem Pufferspeicher ab 800 l können einen wesentlichen Beitrag zur Heizung und zur Heizkosteneinsparung bringen und werden zudem noch vom Staat finanziell gefördert.

Thermische Solaranlagen werden sowohl für eine solare Warmwasserbereitung als auch kombiniert für Warmwasser- und Heizungsunterstützung angeboten. Vom Kosten-Nutzen-Faktor sind kombinierte Anlagen (Heizungsunterstützung) vorzuziehen.

Die Solaranlage kann sowohl an eine bestehende Heizungsanlage angegliedert werden, als auch im Zuge einer Heizungserneuerung in das System integriert werden. Dies geht aber nur dann, wenn die Abstimmung, z. B. bezüglich des Pufferspeichers, rechtzeitig durchgeführt wird.

Mein Tipp

Die Kombination aus Heizungsanlage und Solaranlage ist eine optimale Einrichtung zum Energiesparen. Dadurch können Sie Ihren Kessel im Sommer und in den Übergangszeiten meist gänzlich außer Betrieb setzen.

8.3 Dämmung und Solaranlage

Der Solarkreislauf besteht aus Kollektor, Solarpumpstation und Wärmetauscher im Pufferspeicher (je nach System). Die Aufgabe: Beförderung der Sonnenwärme über die Solarflüssigkeit vom Dach in den Speicher.

Das Medium für den Wärmetransport ist Wasser, das mit einem ausreichenden Frostschutz versehen wird.

Zusätzlich zur solaren Warmwasserbereitung kann mit der Solarenergie auch der Innenraum des Hauses beheizt werden. Dazu braucht man eine größere Fläche an Kollektoren (mindestens 10 m²) und auch einen größeren Speicher, um die eingefangene Wärme längerfristig zu speichern und nutzen zu können. Bezüglich der Einsparungen sind Solaranlagen, die die Heizung unterstützen, noch sinnvoller und wirtschaftlicher. Damit können Sie bis zu 50 % der Energie sparen, die ansonsten von der konventionellen Heizung in Form von Öl, Gas oder Holz verbraucht werden würde.

Für die Heizungsunterstützung durch die Sonne eignen sich am besten Niedertemperatur-Heizkörper und Fußboden-/Wandheizungen. Damit können selbst bei niedrigem Temperaturgefälle gute Heizwerte erzielt werden. Konkret bedeutet das, dass mit 30°C bis

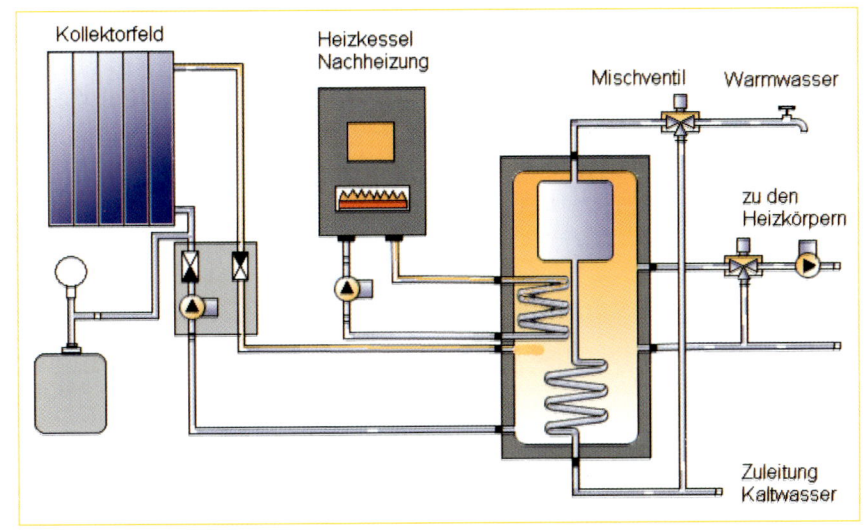

Abb. 8.6 – Prinzipdarstellung der solaren Heizungsunterstützung. Bei einem „Speicher im Speicher System" dient der innere separate Speicher der Warmwasserversorgung, im Hauptspeicher wird die Wärme für die Heizkörper gespeichert. (Quelle: Darstellungen mit Hilfe des Programms Polysun-4 Institut für Solartechnik SPF).

40°C Vorlauftemperatur aus der Solaranlage (aus dem Speicher) der Wohnraum auf eine Temperatur von 20°C gebracht werden kann. Gerade in Gebäuden mit Naturstein und Lehmmaterialien sind Wandheizungen besonders gut geeignet.

Weitere, umfassendere Informationen zum Thema Solaranlagen finden Sie auch im Franzis Verlag:

- **Photovoltaik Solaranlagen**
  Für Alt- und Neubauten selbst installieren
  „Do it yourself" Band Nr.16

- **Thermische Solaranlagen**
  Für Alt- und Neubauten selbst planen und installieren.
  „Do it yourself" Band Nr.17

In den Büchern finden Sie die Schritt-für-Schritt-Beschreibung der Planung und Installation Ihrer Solaranlage. Mit vielen Abbildungen und Zeichnungen zeigt Ihnen der Autor aus der Praxis wie Sie selbst Hand anlegen können. Sie finden Beschreibungen der meisten Solaranlagensysteme und Tipps. Neben einer ausführlichen Darstel-

8.3 Dämmung und Solaranlage

lung der Technik werden auch interessante Gestaltungsmöglichkeiten für die Solaranlage aufgezeigt.

Förderung Solaranlagen
Die letzten geänderten Richtlinien traten am 2. August 2007 in Kraft. Antragssteller konnten (können) ab diesem Datum ihre Anträge an das Bundesamt für Wirtschaft und Ausfuhrkontrolle (BAFA, siehe Kasten) richten. Die Förderungssätze wurden darin auf folgende Werte erhöht:

- Das Marktanreizprogramm (MAP) gibt pro m² installierter Kollektorfläche einen Zuschuss von 60 Euro.
- Für kombinierte Solaranlagen (Warmwasser und Heizungsunterstützung) werden 105 Euro je Quadratmeter ausgezahlt.
- Wer ab dem 24. Oktober 2007 eine thermische Solaranlage kauft und zusätzlich sein altes Heizgerät gegen einen Brennwertkessel austauscht, profitiert von einem höheren Zuschuss. Zusätzlich zu den 105 Euro pro Quadratmeter Kollektorfläche bekommen Sie einen Bonus von 750 Euro.
- Innovative Großanlagen zur solaren Kühlung oder für die Bereitstellung von solarer Prozesswärme werden je m² Solarfläche mit bis zu 210 Euro gefördert. Die KfW Bank stellt innerhalb ihres Förderprogramms für erneuerbare Energien für diese Technologien einen Tilgungszuschuss von bis zu 30% der förderfähigen Investitionskosten zur Verfügung (über die Hausbank).

Da sich die Richtlinien immer wieder ändern, möchte ich Ihnen als Unterstützung die entsprechenden Ansprechstellen zur Hand geben, bei denen Sie sich nach den aktuellen Möglichkeiten erkundigen können. Weitere Adressen und Förderprogramme siehe auch 5.2.

Institution:

BAFA
65760 Eschborn
Tel. 06196-908-0
Bundesförderungen:
Solarthermie
Biomasse
Bundesamt für Wirtschaft und Ausfuhrkontrolle
www.bafa.de

KfW
Tel. 01801-335577
KfW
Kreditanstalt für Wiederaufbau
www.kfw-foerderbank.de

BSW
Tel. 08000 12-333
Bundesverband Solarwirtschaft
Energieeinsparprogramm Altbau
Impulsprogramm Altbau
www.impuls-programm-altbau.de
www.Energiesparcheck.de

L-Bank Karlsruhe
www.energiespar@l-bank.de

BINE
Informationsdienst Förderungen
www.energieförderung.info/

Solarenergie Förderverein e.V.
Solarförderverein Informiert über Umwandlung und Förderung von Solarstrom
www.sfv.de

8.4 Adressen und Kontaktstellen

Förderungskonditionen und Möglichkeiten:

Ein Service von BINE Informationsdienst. In Zusammenarbeit mit der Deutschen Energie-Agentur (dena).
www.energiefoerderung.info

Fördermitteldatenbank:

fe.bis GmbH & Co. KG
60314 Frankfurt
Telefon: 0 69/9 04 36 79-0
Fax: 0 69/9 04 36 79-19
www.foerderata.de
info@fe-bis.de
www.fe-bis.de

KfW
60325 Frankfurt/Main
Tel: 0 69/74 31-0
Fax: 0 69/74 31-28 88
www.kfw-foerderbank.de
info@kfw.de

Kontaktadressen Natur-Dämmmaterialien:

Fachagentur nachwachsende Rohstoffe e. V.
Tel: 0 38 43/69 30-0
Fax: 0 38 43/6 93 01 02
www.naturdaemmstoffe.info

Materialien und weitere Informationen für die Dachbegrünung:

ZinCo GmbH
72669 Unterensingen
Tel.: 0 70 22/60 03-0
Fax: 0 70 22/60 03-3 00
www.zinco.de/planungsportal
contact@zinco.de

Selbstbausätze Dachbegrünung:

FlorDepot International GmbH
52499 Baesweiler
Tel: 0 24 01/6 02 81-0
Fax: 0 24 01/6 02 81-18
info@flordepot.de

Technische Informationen:

Energie Agentur NRW
40213 Düsseldorf
Telefon: 02 11/8 66 42 -0
Fax: 02 11/8 66 42-22
www.ea-nrw.de

Onlinerechner, Technische Infos:

Energiesparhaus
A-4020 Linz
Nur über Internet
www.energiesparhaus.at

Finanzielle Infos:

STIFTUNG WARENTEST
10785 Berlin
Telefon: 0 30/26 31-0
Fax: 0 30/26 31-27 27
www.finanztest.de

Liefernachweise, Hygrometer:

Conrad-Electronic
92530 Wernberg-Köblitz
Telefon: 0 96 04/40 89 88
Fax. 0 96 04-40 89 36
www.Conrad-biz.de

8.4 Adressen und Kontaktstellen

Sachverständigenbüro:

Lutz Weidner
07774 Wichmar
Telefon: 03 64 21/2 33 28
Fax: 0 18 05/0 60 33 46 02 56
info@zimmerei-sachverstaendiger.de

Dämmstoffhersteller:

Alchimea
66450 Bexbach
Telefon: 0 68 26/52 04 10
www.alchimea.de

Bauder
70499 Stuttgart
Telefon: 07 11/8 80 70
www.bauder.de

Daemwool
A 4183 Traberg
Telefon: 00 43-72 18/80 07
www.daemwool.at

Gutex
79761 Waldhut-Tiengen
Telefon: 0 77 41/6 09 90
www.gutex.de

Flachshaus
16928 Giesendorf
Telefon: 0 33 95/70 07 96
www.flachshaus.de

Heraklith
84353 Simbach
Telefon: 0 85 71/4 00
www.heraklith.com

Hock
86720 Nördlingen
Telefon: 0 90 81/80 50 00
www.thermo-hanf.de

Homatherm
06536 Berga
Telefon: 03 46 51/41 60
www.homatherm.de

Isover
Saint-Gobain Isover
68526 Ladenburg
Telefon: 0 800/5 01 55 01
www.isover.de

Knauf Dämmstoffe
59329 Wadersloh
Telefon: 0 25 23-6 70
www.knauf-daemmstoffe.de

Pavatex
88299 Leutkirch
Telefon: 0 75 61-9 85 50
www.pavatex.de

Rockwool
45966 Gladbeck
Telefon: 0 20 43-40 80
www.rockwool.de

Stichwortverzeichnis

A
Abgas 52, 53
Abschlagszahlungen 112
Altglas 28
Armierungsgewebe 35
Außenputz 35

B
Baumwolle 78
Blähton 21, 80
Blaubrenner 52
Blower-Door 29, 67, 113, 115
Boilerdämmung 52
Borsalze 23
Brandschutz 22, 70
Brennerleistung 52

D
Dachhaut 32, 81
Dachlast 81, 83
Dachsanierung 16
Dachüberstand 16, 32, 34, 40
Dichtlippen 49
Dichtungen 47, 49
Diffusion 63, 65

E
Edelgasfüllung 48
Einspritzdüse 51
Einstrahlungsgewinne 47
Einzelöfen 45
Elektrofuchsschwanz 73, 74
Endabnahme 112
Energiebilanz 78
Energieeinsparung 24, 49, 78

Energiepass 99
Essiglösung 72
Eternitplatten 73

F
Fachfirma 112
Fachwerk 37, 38, 57, 58, 60, 79
Fachwerkhäuser 57
Faserbruch 23
Fäulnis 61, 76
Fensterrahmen 20, 47, 48, 50
Fensterüberleger 68
Feuchtigkeit 23, 37, 40, 41, 43, 57, 61, 67, 76
Flachs 21, 75, 78
Frostschutz 44
Fußkälte 41, 109

G
Gartengestaltung 81
Gebäudebestand 5, 10
Gebäudetechnik 10, 112
Gefache 39
Genehmigungen 32, 40
Gewährleistungsfristen 112
Glasoberfläche 46
Grenzbebauungen 57
Gummimanschetten 62

H
Hausbock 73
Hausschwamm 72
Heizkessel 51, 52
Heizkörper 52, 58
Heizkörpernischen 40, 58, 68, 69

Heizkosten 10, 14, 51, 53, 78, 99, 108
Heizöllieferung 11
Heizungsanlage 14, 16, 20, 51, 53, 54
Heizungspumpe 52
Hinterlüftung 34, 36, 38
Holzfasern 21, 78
Holzschindeln 37
Holzschutzmittel 73
Holzskelettbau 63
Holzwurm 30, 73
Hygrometer 44, 72, 109

I
Installationsebene 64
Isokörbe 68

K
Kabeldurchlässe 67
Kalk 72
Kaminofen 45
Kerzentest 71
Kesselisolierung 52
KfW-Haus 14
Kiesschüttung 81
Klebemörtel 35
Klebmassen 62
Klimaanlage 10
Kohlendioxidbelastung 109
Kokosfasern 21
Kompribänder 62
Kondensatgefahr 53
Kondenswasserbildung 42
Konterlattung 65

Stichwortverzeichnis

Kork 21, 78, 80
Korkeinlage 48

L
Lehmverputz 79
Leistungsumfang 112
Luftfeuchtigkeit 43, 61, 67, 72, 76, 109
Luftwechsel 109

M
Manuelles Lüften 109
Maueranker 68
Metallbedampfung 45
Motten 23

N
Nebenluftvorrichtung 53
Neubauten 10, 12, 29, 38
Neuvermietungen 108
Nirosta 68
Nutzfläche 94, 99

O
Onlinerechner 12, 13

P
Pellets 11, 12, 53, 54
Perlite 21
Pestiziden 78
Pflanzen 81
Pflanzsubstrate 82
Polystyrol 21, 23, 38, 41, 75, 78
Polyurethan 21, 23, 78
Pufferspeicher 52, 53

R
Rahmenschenkel 59
Rahmenschenkel 60
Raumklima 22, 58, 79
Referenzen 112
Reflexionsmethode 45
Regen 32, 38, 61, 64
Rohrdämmung 51
Rollladenauslass 49
Rollladengurte 49
Rollos 49
Rußschicht 51

S
Schadstoffausstoß 52
Schafwolle 21, 23, 75, 78, 80
Schallschutz 40, 50, 71
Schar 69
Schaumglas 21, 68
Scheibenzahl 45
Scheitholz 11, 12, 20, 53, 54
Schichtenspeicher 52
Schieferplatten 37
Schimmelbildung 15, 45, 61, 63, 109
Schimmelpilzsporen 72
Schlagregenschutz 39
Schlussrechnung 112
Schnee 113
Schneelast 82
Schneideschablone 51
Schornsteinschäden 53
Sedumsprossen 82, 84
Sichtmauerwerk 58
Silikatfarben 72

Silikon 48, 49
Sodalösung 72
Solaranlage 16, 20, 53, 54, 75, 104
Solarfassade 36, 38
Sonnenenergie 48
Sonnenschutz 50
Sperrfolie 58
Spinnweben 38
Sprühverfahren 41
Stoßlüften 110
Stroh 21, 78
Strohballen 73
Strohballenbau 79

T
Taupunkt 24, 67, 76
Taupunktproblematik 57
Tauwasser 24, 43, 65, 67
Teilarbeiten 112
Teilmodernisierung 52
Teilschuldenerlass 88
Thermografie 114, 115
Thermogramm 114
Thermohaut 35, 37
Trägerprofile 40
Tragfähigkeit 32, 40
Trockenausbau 40, 69

U
Umkehrdach 21, 32, 81
Umweltschadstoffe 73
Unit 51
Unterspannbahn 30, 31, 39, 64

Stichwortverzeichnis

V
Verbrennungsluft 45
Vorhangfassade 36, 37
Vor-Ort-Beratung 99

W
Wandheizung 58
Wärmedurchgangskoeffizient 15, 22, 32, 86
Wärmekamera 29, 116
Wärmeleitgruppe 22, 25, 44, 56, 86
Wärmeschutz 10, 15, 45, 58, 86, 87
Wärmeverlust 15, 22, 52, 86
Wartungsvertrag 51
Wäschetrockenraum 43
Wasserdampfmoleküle 63
Wasserflecken 63
Wasserspeichermatten 82
Wind 38, 61, 64
Witterungsschutz 37
Wohnqualität 10, 41, 78

Z
Zellulose 21, 31, 39, 40, 42, 59, 78, 79
Zugluft 71, 109
Zwangslüftung 45